和美海岛建设体系研究

毋瑾超　主　编

王德刚　谭勇华　孙　丽　于　淼　副主编

海洋出版社

2024 年·北京

图书在版编目（CIP）数据

和美海岛建设体系研究 / 毋瑾超主编；王德刚等副主编. -- 北京：海洋出版社，2024. 12. -- ISBN 978 -7-5210-1320-7

Ⅰ. X145

中国国家版本馆 CIP 数据核字第 2024558CL7 号

审图号：浙 S（2024）44 号

和美海岛建设体系研究

HEMEI HAIDAO JIANSHE TIXI YANJIU

责任编辑：苏　勤

责任印制：安　淼

海洋出版社 出版发行

http://www. oceanpress. com. cn

北京市海淀区大慧寺路 8 号　邮编：100081

鸿博昊天科技有限公司印制　新华书店经销

2024 年 12 月第 1 版　2024 年 12 月北京第 1 次印刷

开本：787 mm×1092 mm　1/16　印张：13. 25

字数：305 千字　定价：298. 00 元

发行部：010-62100090　总编室：010-62100034

海洋版图书印、装错误可随时退换

主 编 简 介

毋瑾超（1974— ），男，自然资源部第二海洋研究所正高级工程师，主要从事海洋资源开发利用与保护研究工作。担任 IFS（International Foundation for Science）国际科学基金项目首席科学家、国家重点研发计划评审专家；入选浙江省新世纪 151 人才工程。

近年来共承担科研项目 70 余项，主持包括 IFS 国际科学基金项目、国家海岛保护与管理专项等国家（际）级科研项目 8 项，主持浙江省海洋生态环境规划、省重点科研项目等省部级项目 10 项。发表学术论文 50 余篇，撰写科研报告 100 余份，主编出版学术专著 4 部，参与内部教材编写 3 部；获国家授权发明专利 7 项；共取得经省部级以上单位验收的科技成果 15 项；带领团队为国内 10 余个海岛（海岸带）整治修复项目提供技术指导和方案编制咨询，重点对海岛海岸带的典型生态系统等进行修复，对促进海洋生态系统保护产生了积极的效果。

主持完成 4 项国家级海洋规划编制并获批准。相关成果获省部级及以上奖项 5 次：其中主编的专著《海岛生态修复与环境保护》2015 年获第五届中华优秀出版物奖（排名第一）；主持的"海岛生态修复技术研究与示范"项目成果获 2015 年度海洋科学技术奖二等奖（排名第一）；主持的"水产蛋白酶解降血压肽的研究开发"项目成果 2006 年获海洋创新成果二等奖（排名第一）；主编的专著《海洋生态文明示范区架构体系研究》2015 年获海洋优秀科技图书奖（排名第一）；参与的"海洋低值鱼资源高值化利用技术研究及其生物制品的产业化"项目成果 2005 年获海洋创新成果二等奖（排名第三）。

前　言

　　海岛在维护国家海洋权益、保障国防安全、壮大海洋经济、拓展发展空间、保护海洋环境和维持生态平衡等方面扮演着重要角色。然而多数海岛面积相对较小，生态系统脆弱，一旦遭到破坏就难以恢复，且海岛地区经济社会发展模式与陆地不同，地区经济发展不平衡、不充分的问题更为突出。因此，加强海岛生态保护、促进海岛地区经济高质量发展，探索"人岛和谐"的可持续发展之路则显得格外重要和迫切，和美海岛的创建示范工作正是在这一背景下应运而生。

　　和美海岛是指"生态美、生活美、生产美"的海岛，在海岛发展中要求始终坚持生态保护优先，并将经济活动、人类行为限定在海岛生态环境能够承受的范围之内，坚持人与自然和谐共生，以"和"至"美"。从这个意义上讲，和美海岛创建的本质是对人岛关系的理性调适，其目的是在保障生态系统健康的基础上，提高海岛保护利用综合效率和效益，形成岛绿、滩净、水清、物丰的"和美"新格局。

　　在近年的海洋生态科学研究和海洋建设咨询工作中，我们对和美海岛的建设、管理、评价等投入了极大关注，较系统地研究了国内外先进的架构理念和成果，并做了认真的分析、总结和探索，后在浙江省洞头、玉环等地进行了有益的建设实践，取得了较为理想的效果。现将有关成果整理编辑出版，全书从和美海岛建设背景、理论基础、评价指标体系、海岛生态系统服务价值、保护和发展利用规划等方面对和美海岛的建设体系进行阐述，并提供了相关具体案例，以期为相关科研和管理工作者提供参考。

各章节的主要编纂者分工如下：

第 1 章：毋瑾超、王德刚；

第 2 章：程杰、孙丽、毋瑾超；

第 3 章：于淼、孙丽；

第 4 章：王德刚、吕兑安；

第 5 章：毋瑾超、谭勇华；

第 6 章：王德刚、徐眤、初梦如；

全书由自然资源部第二海洋研究所毋瑾超正高级工程师策划并统稿，孙丽负责校正整理。

由于水平所限，书中错误和不足之处难免，敬请批评指正！

毋瑾超

2024 年 8 月 15 日于自然资源部第二海洋研究所

中国　杭州

目　录

第 1 章　美丽的海岛

1.1　海岛概述

　　海岛是指四面环海水并在高潮时高于水面的自然形成的陆地区域。我国是一个海岛大国，全国共有海岛 11 933 个，包括有居民海岛和无居民海岛。有居民海岛是指属于居民户籍管理的住址登记地的海岛，无居民海岛是指不属于居民户籍管理的住址登记地的海岛；与通常所说的有人岛和无人岛不能等同起来。

　　海岛的特征包括海岛自然属性和社会属性。海岛的自然属性主要体现在独立性、完整性和脆弱性三个方面。海岛四周被海水包围，远离大陆，形成了一个独立的生态环境区域小单元，其独立性主要表现在生态系统的独立性和自然环境的独特性；海岛与其周围海域构成一个既独立又完整的生态环境系统，尤其面积大的海岛这种完整性更为明显。海岛具有海域、海陆过渡带和陆域三大地貌单元，生物物种伴随着地貌的变化呈现多样性和分带性特征，可区分为岛陆、岛滩和环岛近岸海域三大子生态系统，从而构成了海岛地貌和生态系统从海到陆的完整性和不可分割的整体性。海岛陆域一般面积较小，生境条件恶劣，单个岛屿的生物物种相对较少，稳定性较差，生态环境十分脆弱，极易遭受破坏，且破坏后很难恢复，因此海岛的生态系统具有显著的脆弱性特点。

　　海岛的社会属性主要体现在维护海洋权益、保障海上安全、促进海洋经济发展、保护海洋生态环境等方面。1994 年生效的《联合国海洋法公约》规定，能够维持人类居住的海岛可以拥有领海、毗连区、大陆架和专属经济区，不能维持人类居住或其本身的经济生活的岩礁，不应有专属经济区或大陆架，但可以拥有领海和毗连区，因此海岛直接关系到沿海国管辖海域的划分、海洋法律制度和海洋权益的确立；海岛是沿海国家的天然国防屏障，是不沉的"航空母舰"，在我国大陆的东部和南部海洋中，由海岛组成的岛弧或岛链，恰如日夜镇守的海防卫士，构成了我国海上第一道国防屏障；海岛是扩大对外开放的"窗口"，是海洋开发的资源基地，也是建设"海洋第二经济带"和"海上丝绸之路"的重要依托，对促进海洋经济发展具有重要作用；海岛集大自然的岩石圈、大气圈、水圈、生物圈于一身，具有特殊、独立和相对完整的生态系统，是海洋生态系统的重要组成部分。与此同时，由于海岛远离大陆，布局分散，交通不便，导致海岛实际管理存在诸多困难。《联合国海洋法公约》《小岛屿发展中国家可持续发展行动纲领》《中国海洋 21 世纪议程》和联合国"海洋科学促进可持续发展十年"倡议等均十分重视海岛问题，专门就有关方面内容予以描述。

1.2　海岛分类

我国海岛数量多，分布范围广，类型齐全，包括了世界海岛组成的所有类型。根据我国海岛的区位条件、自然环境和资源状况，从其形成原因、物质组成、面积大小和有无居民户籍管理的住址登记等方面，均可对海岛进行不同分类，这些分类对于开发利用海岛资源，制订规划和发展海洋经济，都起着重要的作用。

1.2.1　海岛的成因分类

传统上，按照海岛的形成原因，多将海岛分为大陆岛、冲积岛（堆积岛）、珊瑚岛和火山岛四种，也有学者将珊瑚岛和火山岛统称为海洋岛。本书中延续传统海岛成因分类方式，将海岛分为大陆岛、冲积岛、珊瑚岛和火山岛四类。

1）大陆岛

大陆岛是大陆地块延伸到海底并露出海面而形成的岛屿。它原为大陆的一部分，后因地壳沉降或海面上升与大陆分离，所以，其地质构造、岩性和地貌等方面与邻近大陆基本相似。我国绝大多数海岛都属这种类型，约占全国海岛总数的 95%。它在我国海岛的开发利用中占有极其重要的地位和作用。

2）冲积岛

冲积岛又称"堆积岛"。它在江河入海口处，是由径流携带的泥沙长年累月堆积而成的岛屿。冲积岛地势低平，一般由沙和黏土等碎屑物质组成，其形状和大小亦多变化，形成和消亡过程比较迅速。冲积岛的土质肥沃，可以开辟为良田，也可以发展海岛旅游业、海水养殖业和工业，崇明岛是我国最大的冲积岛。

3）珊瑚岛

珊瑚岛是由海洋中造礁珊瑚的钙质遗骸和石灰藻类生物遗骸堆积形成的岛屿，它的基底往往是海底火山或岩石基底。由于珊瑚虫的生长、发育要求温暖的水温，故珊瑚岛只分布在南北纬 30°之间的热带和亚热带海域。我国的珊瑚岛主要分布在海南、台湾和广东三省，南海的西沙群岛、南沙群岛、中沙群岛、东沙群岛等都是在海底火山上发育而成的珊瑚岛。

4）火山岛

火山岛是海底火山喷发的岩浆物质堆积并露出海面形成的岛屿。它一般面积不大，坡度较陡。我国的火山岛数量较少，主要分布于台湾海域，典型的火山岛为钓鱼岛及其附属岛屿以及澎湖列岛等。这些岛屿在海洋划界中的地位十分重要，而且这些岛屿附近海域中蕴藏着丰富的海洋油气资源。

1.2.2　海岛的物质组成分类

按海岛的物质组成可分为基岩岛、沙泥岛和珊瑚岛三大类。

1）基岩岛

基岩岛是由固结的沉积岩、变质岩和火山岩组成的岛屿。我国基岩岛约占全国海岛总数的 96%。基岩岛由于港湾交错，深水岸线长，是建设港口和发展海洋运输业的理想场所，也是发展渔业和旅游业的好地方。

2）沙泥岛

沙泥岛是由沙、粉砂和黏土等碎屑物质经过长期堆积作用形成的岛屿。这类海岛一般分布在河口区，地势平坦，岛屿面积普遍较小，但有的沙泥岛面积也较大，如崇明岛等，面积达 1 269 km²。我国沙泥岛数量为 300 多个，约占全国海岛总数的 3%。

3）珊瑚岛

珊瑚岛是由珊瑚遗骸堆积并露出海面而形成的岛屿，主要分布在海南、台湾和广东三省。我国珊瑚岛数量为 100 多个，占全国海岛总数的 1% 左右。

1.2.3　海岛的面积大小分类

我国的海岛按面积大小可分为特大岛、大岛、中岛、小岛和微型岛五类。

1）特大岛

特大岛是指岛屿面积大于 2 500 km² 的海岛。我国这类海岛仅有台湾岛和海南岛 2 个。

2）大岛

大岛的面积在 100~2 500 km² 之间，我国这类海岛共有 17 个，多为县级人民政府驻地所在有居民海岛，其中广东省 5 个，福建省 4 个，浙江省 3 个，上海市 1 个，辽宁省 1 个，香港特别行政区 3 个。

3）中岛

中岛的面积在 5~100 km² 之间，我国共有 133 个，其中浙江省最多 41 个，广东省 25 个，福建省 20 个，辽宁省 10 个，台湾地区 8 个，山东省 7 个，广西壮族自治区 6

个，江苏省 4 个，上海市 3 个，河北省 2 个，海南省 2 个，香港特别行政区 3 个，澳门特别行政区 2 个。

4）小岛

小岛的面积在 500 m² 至 5 km² 之间，我国这类海岛最多，约占全国海岛总数的 61.5%，其中浙江省第一，其次是福建省和广东省。这类海岛绝大多数都是无居民海岛，岛上淡水资源缺乏，开发条件相对较差。

5）微型岛

微型岛的面积在 500 m² 以下，这类海岛约占全国海岛总数的 36.4%，均为无居民海岛。海岛上多无植被分布，物种数量极少。但其中有些海岛是我国的领海基点，在确定海域划界中有重要作用；有些海岛则是重要物种的自然保护区，对于维持海洋生态系统具有重要的作用。

1.2.4 海岛的有居民和无居民分类

根据海岛社会属性，即是否属于居民户籍管理的住址登记地，可将海岛分为有居民海岛和无居民海岛。

2010 年 3 月施行的《中华人民共和国海岛保护法》，明确了我国海岛包括有居民海岛和无居民海岛，并给出了无居民海岛的定义"不属于居民户籍管理的住址登记地的海岛"。参考无居民海岛的定义，有居民海岛即"属于居民户籍管理的住址登记地的海岛"。根据有居民海岛上政府行政级别不同，本书又进一步将有居民海岛区分为省级岛（省级人民政府驻地海岛），主要包括海南岛和台湾岛；市级岛（市级人民政府驻地海岛），主要包括厦门岛、舟山岛和永兴岛；县级岛（县区级人民政府驻地海岛），主要包括岱山岛、南澳岛等；乡级岛（乡镇级人民政府驻地海岛）以及村级岛（行政村或自然村驻地海岛），这类海岛较多，在此不一一列举。

1.3 海岛分布特征

我国的海岛位于亚欧大陆以东，太平洋西部边缘。自北向南为我国的辽宁、河北、天津、山东、江苏、上海、浙江、福建、台湾、广东、香港、澳门、广西和海南等省（自治区、直辖市和特别行政区），东部与朝鲜半岛、日本为邻，南部周边为菲律宾、马来西亚、文莱、印度尼西亚和越南等国家所环绕。

我国海岛分布不均，若以海区分布的海岛数而论，东海最多，分布有 7 000 多个海岛，约占海岛总数的 58.8%；南海次之，分布有 3 500 多个海岛，约占 29.8%；黄海居第三位，渤海中岛屿最少。若以各省（区、市）海岛分布的数量而论，第一位是浙江省，岛屿数约占全国海岛总数的 36.6%；其次是福建省，约占 19.9%。

除了上述分布特征外，我国海岛还有以下四个特征：一是大部分海岛分布在沿岸海域，距离大陆小于 10 km 的海岛约占我国海岛总数的 58%。二是基岩岛的数量最多，占全国海岛总数的 96% 左右；沙泥岛占 3% 左右，主要分布在渤海和长江口、滦河口等河口处；珊瑚岛数量很少，仅占 1%，主要分布在台湾海峡以南海区。三是岛屿呈明显的链状或群状分布，大多数以列岛或群岛的形式出现。四是面积小于 5 km^2 的海岛数量最多，约占我国海岛总数的 98%。

1.4　国内外著名海岛

1.4.1　国内著名的美丽海岛

1.4.1.1　南麂岛

南麂岛地处浙江省东南部海面，位于南麂列岛的中央，为南麂列岛 52 个海岛（面积大于 500 m^2）中的主岛，隶属于温州市平阳县，西北处与大陆最近点温州市平阳县鳌江镇距离约 56 km。

南麂列岛长期受海浪和潮汐的侵蚀和冲击作用，基岩裸露，且多呈陡崖峭壁。列岛岸线曲折，岬角丛生，海湾众多。地貌形态以海蚀地貌为主，海积地貌不甚发育。南麂列岛远离大陆，岛礁星罗棋布，海水清澈，含沙量低，海域底质以粉砂质黏土为主。海底地形自西北向东南下倾，水深一般在 15～25 m 之间。南麂岛因形似奔鹿状而得名，该岛呈东南—西北走向，全长约 5.3 km，东西最宽处 3.3 km，最窄处仅 150 m，面积为 7.64 km^2，最高点海拔 229 m，岸线长 36.8 km；有大沙岙、火焜岙、马祖岙和国姓岙 4 个海湾，分置于东南和西北两个方向，其地质特征与闽浙沿海地区相似，出露地层单一，为上侏罗纪高坞组地层，岩性主要为流纹质晶屑熔结凝灰岩。南麂岛东北和西南两侧为深水通道，其水深在 30 m 以上，最深处达 45 m。

据调查，南麂岛区内有各种门类的海洋生物 1 876 种，包括贝类 427 种、大型底栖藻类 178 种、微小型藻类 459 种、鱼类 397 种、甲壳类 257 种和其他海洋生物 158 种。其中尤为引人注目的是，区内的贝藻类资源特别丰富，两者分别占全国贝藻类种数的 30% 和 25%，约占浙江省贝藻类种数的 80%，大约 30% 的种类以南麂海域为我国沿海分布的北界和南限，有 36 种贝类目前在中国沿岸仅见于南麂海域，黑叶马尾藻、头状马尾藻和浙江褐茸藻是在南麂列岛发现的海藻新种，还有 22 种藻类被列为稀有种，体现出很好的生物多样性、代表性和稀缺性，从而使南麂列岛获得了"贝藻王国"的美誉。

图1-1　南麂岛三盘尾景区

图1-2　南麂岛沙滩

南麂列岛于1990年经国务院批准列为我国首批五个国家级海洋类型自然保护区之一，1999年又成为我国最早被纳入联合国教科文组织世界生物圈保护区网络的海洋类型自然保护区，目前还是我国唯一纳入该世界网络的海岛自然保护区。此外，在《中国国家地理》杂志社联合全国媒体开展的评选活动中，南麂列岛被评为"中国十大最美海岛"之一，在我国海岛的保护与开发中占有举足轻重的地位。

1.4.1.2　枸杞岛

枸杞岛，古称李西（又名南马鞍岛），后因岛上多枸杞而得今名，是浙江省舟山群岛北部的一个岛屿。该岛位于嵊泗县东部，菜园镇东 30.6 km 处，东近嵊山，是嵊泗列岛中仅次于泗礁山的第二大岛。枸杞岛北濒上海，南邻"海天佛国"普陀山，西与绿华国际锚地相接，是沪、杭、甬三大开放城市进出之门户。距上海芦潮港 92.6 km。

枸杞岛面积 6.62 km²，岛岸线长 22.1 km，是嵊泗县第二大岛。枸杞岛呈锚状，长 4.35 km，宽 1.3 km，岗峦起伏，岙口多且分散，平地稀少，中部大王村地势较平坦，北部小西天海拔 199.3 m，为全岛最高点，其次是上岗山（152 m）、老虎山（148 m），北部和东部山顶多秃岩，土质贫瘠，植被相对稀疏，中部、西部和南部山腹以下土层较厚，适宜林木生长。枸杞岛岸线曲折，北部和西北部多为陡崖。

枸杞岛属北亚热带南缘的海洋性季风气候区，常年温暖湿润，冬暖夏凉。冬、春季海雾出现次数较多，夏、秋季节有台风影响。历年极端最高气温为 37.7℃，历年极端最低气温为-7℃，多年平均气温 15.8℃。根据嵊山海洋站 1981—2000 年实测风速资料统计，枸杞海区全年的常风向为 NNW，频率为 14%。多年平均相对湿度 78.7%，1 月、12 月相对湿度最小，月平均 70.7%，6 月相对湿度较大，月平均 87.8%。

作为国家级风景名胜区——嵊泗列岛的重要组成部分，枸杞岛旅游资源十分丰富（图 1-3）。全岛有四大景区，共有大小沙滩七处，其中长百米以上的有三处，最为著名的当属大王沙滩，沙质细柔、清洁，滩平水清，是理想的海滨浴场。有各种海洞、岩洞十余处，如穿鼻洞、潮音洞、仙灵洞、水獭洞、龙洞等，有的与民间传说相联系，有的与奇礁怪石相辉映，有的听涛声汹涌澎湃，有的洞内景观奇妙无比，能给游客无限的遐想，使人流连忘返。有奇礁怪石无数，如十里碑、将军望海、绵羊回首、二龟相嬉、小西天等，这些石景形神具备，有许多悲壮优美的民间传说，观后使人难以忘怀。枸杞港湾岛边还有海上盆景、二龙戏珠、鹅礁、马鞍岛等岛礁风光，有的小巧玲珑，有的巧夺天工，岩壑俊秀，如天作之合，令人叹为观止；"白石墙"遗址、"山海奇观"摩崖石刻、天后宫庙等则是著名的人文景观（图 1-4）。

枸杞岛所在的马鞍列岛海域辽阔，受长江、钱塘江的影响，水质肥沃，浮游生物丰富，众多的岛礁和细软底质条件，为海洋生物洄游、索饵、栖息、繁殖创造了良好的生态环境。由于枸杞岛地理位置靠近外海，岛礁周围适合厚壳贻贝、羊栖菜的附着生长，枸杞岛的厚壳贻贝和羊栖菜资源尤其丰富，相关产业也发展迅速。

枸杞岛附近岛礁资源丰富，海洋资源种类繁多，马鞍列岛附近海域游泳生物 96 种，春季最多，为 59 种。本海区的壁下岛周围海域全年游泳生物中鱼类有 54 种，甲壳类 33 种，头足类 2 种，其他 2 种；游泳生物优势种有龙头鱼、带鱼、大黄鱼、海龙、七星鱼、中国毛虾、葛氏长臂虾、管鞭虾等，主要种类还有虾虎鱼、鲚鱼、黄鲫、梅童鱼、细螯虾、虾姑等，鱼虾资源相当丰富。素有"天然鱼库"和"海上牧场"之称。

图 1-3　枸杞岛风光

图 1-4　枸杞岛的"山海奇观"摩崖石刻

枸杞岛民俗文化也丰富多彩。拥有符合当地特色的"歌谣"、渔歌号子多首；历史传说丰满生动；舞蹈类型丰富，著名的有调马灯、鱼灯、船灯等享誉海内外；拥有渔民画、剪纸、手工艺品等多种民间艺术。

1.4.1.3　北渔山岛

北渔山岛位于象山半岛东南部，猫头洋东北，是渔山列岛国家级海洋生态特别保护区和国家级海洋公园的核心岛，隶属石浦镇。该岛离岸较远，距石浦铜瓦门 47.5 km。北渔山岛陆域面积 0.455 0 km²，海岸线长 5.983 3 km，最高点海拔 83.4 m。

北渔山岛远离大陆，有少量植被覆盖，且因气候环境恶劣，海岛植被总体上比较单调。植被类型以灌木和草丛为主，常见种类有芒草、鸭嘴草、海桐和仙人掌等，珍稀植物有圆叶小石积、大叶胡颓子、多枝紫金牛等。

动物群落结构较为简单，脊椎动物以陆地种群两栖类、爬行类、鸟类和哺乳类为主，主要有蛇、兔、鼠、海鸟等动物。北渔山岛潮间带多岩礁海滩，主要潮间带生物种类有软体动物如短滨螺、齿纹蜓螺、疣荔枝螺、牡蛎、贻贝、笠贝等，甲壳类动物如日本笠藤壶，棘皮类海胆以及腔肠类的海葵等。

北渔山岛总面积 45.5 ha，主要为荒草地和裸岩石砾地，岛上无耕地，少量土壤属红壤类，有灌丛 4 ha，草丛 38.2 ha，居民住宅用地 4 ha 左右，约 150 余间(套)，山坡地 5~6 ha，多为黄泥土地，以荒草地为主，零星间有一些居民的种植物。

北渔山岛受台湾暖流影响，气候暖湿，降水充沛，但由于海岛面积较小，地形以山丘为主，集雨面积有限，缺乏土壤和植被涵养，蓄水条件差，同时受地形、地质等条件的影响，地表、地下水(主要为基岩裂隙水和孔隙潜水)资源较少，淡水来源仍是保护和利用的主要制约因素之一。

北渔山岛离大陆较远，开阔无屏障，风浪极易生成，最大波高大于 5 m，是著名的大浪区，且波流密度较大，在 3~5 kW/m 之间有一定的利用价值，宜建波浪能发电站。北渔山岛海域风力资源较丰富。年均风速 6.0~6.5 m/s，即使在风速最小的 4—5 月，亦可达 5.2~6.0 m/s，远大于风力发电的启动速度(3 m/s)。北渔山岛附近区域太阳能资源丰富，连续多年平均日照时数 1 885.6 h，岛上开发可以充分利用太阳能，自供电力能源。

北渔山岛终年受海浪冲击，在其四周形成不同高度的海蚀崖、海蚀洞、海蚀槽等海蚀地貌景观，如仙人桥、一线天等，极具观赏价值。人文景观有著名的北渔山岛灯塔、如意娘娘庙，还建立了两岸交流基地。岛上有部分军事遗迹，如防空坑道、碉堡。海岛周围丰富的岛礁鱼类使得渔山有"亚洲第一海钓场"的美誉，是海钓爱好者的心仪之地。此外，清澈的海水、高险奇的岩崖以及世外桃源般的海岛也是吸引游客的渔山特色。

北渔山岛附近岛礁星罗棋布，不同形状的礁体构成了天然的"鱼礁"，加上多水系交汇，水质清新、饵料丰富，是鱼虾蟹贝藻栖息、繁殖、索饵、生长的理想场所，其邻近海域鱼山渔场是我国最重要的渔场之一。北渔山岛的海洋生物资源种类多，据统计有浮游生物 200 余种、底栖生物 119 种、附着性藻类 94 种、潮间带贝类 80 多种，是宁波沿海生物种类最多的海区之一；无论是种类数还是生物量均较丰富，既有洄游性的大黄鱼、带鱼、乌贼等，又有岩礁性的石斑鱼、真鲷、黑鲷、鲍鱼、褐菖鲉等，潮间带还分布大量具有经济价值的贝藻类。

北渔山岛有著名的自然景观如"五虎礁""仙人桥"，气势雄伟，浑然天成。另有始建于清代，号称"远东第一大灯塔"的北渔山灯塔(图 1-6)。

图1-5 北渔山岛风景

图1-6 北渔山岛灯塔

1.4.1.4 秀山岛

秀山岛位于舟山群岛中部海域，介于舟山本岛和岱山岛之间，与舟山本岛的三江码头相距4.6 km，与岱山的高亭码头相距5.6 km，地理位置优越，海上交通便利。秀山乡以岛建乡。秀山岛定位为滨海旅游岛，主要依托海岛独特的景观资源，重点发展海岛型的休闲度假、水上娱乐、观光游览等海洋旅游(图1-7)。

秀山岛陆地面积22.88 km²，是岱山县第四大岛，在舟山诸岛中位列第九。岛上景色美，生态优，气候好，具有优良的海洋生态环境，是浙江省重点海岛湿地自然保护区，岛上有秀山岛滑泥主题公园（图1-8）、兰秀博物馆、长寿禅院、海滨沙滩等景点，已成功创建国家 AAA 级风景旅游区，并荣获浙江省美丽乡村综合奖等称号。

图 1-7　秀山岛湿地公园

图 1-8　秀山岛滑泥主题公园

　　秀山岛滑泥主题公园位于秀山岛的西北端，面临上千亩滩涂，背靠省级湿地自然保护区，区域资源优势独特，生态良好，自然景色秀美。公园分大、中、小三个活动功能区域，主要开展以"泥"为主题特色的旅游项目，设有风帆滑泥、木桶滑泥、泥竞技比赛、泥浴、泥疗等项目，内容丰富、有趣，提供了一个集休闲度假、疗养、科学教育、文化于一体的娱乐场所，深受游客喜爱。

　　秀山岛沙滩位于该景区的东部，为吁唬、三礁、九子 3 个沙滩首尾相连组成，呈月牙形排列。其中吁唬沙滩为最著名，该沙滩全长 600 m，宽 100 m，沙滩干净整洁、坡度平缓、沙子细腻、海水清澈,是沙滩活动的理想之地;除此之外,还可在沙滩外海面上进行海上垂钓或涨网作业,体验海钓和出海捕鱼的乐趣(图1-9)。

图1-9　秀山岛沙滩

1.4.1.5　蜈支洲岛

蜈支洲岛位于海南三亚,古称"古崎洲",面积1.48 km²,呈不规则的蝴蝶状,东西长1 400 m,南北宽1 100 m。岛上有2 000多种植物,并生长着许多珍贵树种,如被称为植物界中大熊猫的龙血树。该岛位置优越,交通便利。

蜈支洲岛属热带海洋气候,全年气候温和,四季怡人,是度假、休闲、避寒、冬泳、娱乐的理想去处。乔木高大挺拔,灌木茂密。该岛最高峰海拔79.9 m,悬崖壁立,其下礁石万状,惊涛击石,浪花如雪。西及北部地势渐平,一弯沙滩,沙质细白。环岛海域水清见底,能见度极高,可达27 m。盛产夜光螺、海参、龙虾、马鲛鱼、海胆、鲳鱼及五颜六色的热带鱼。南部水域海底珊瑚礁保护很好,五彩斑斓,形态奇异。海水清澈,沙滩美丽,是潜水首选之地。

蜈支洲岛享有"中国马尔代夫"的美誉,其沙滩洁白细腻,品质优良,没有礁石或者鹅卵石混杂,滩平浪静,恍若玉带天成。站在沙滩上极目远眺,烟波浩渺,海天一色,景色非常优美(图1-10)。

蜈支洲岛上除了优美的自然风光,还有极具特色的各类度假别墅、木屋及酒吧、网球场、海鲜餐厅等配套设施,并已开展了包括潜水、半潜观光、海钓、滑水、帆船、摩托艇、香蕉船、沙滩摩托车、沙滩球类等30余项海上和沙滩娱乐项目,给游客带来静谧、浪漫和动感时尚的休闲体验。

图 1-10　蜈支洲岛沙滩和海水

1.4.1.6　南澳岛

　　南澳岛是广东省唯一的海岛县，也是汕头市的唯一辖县，由 37 个大小岛屿所组成，陆地面积 130.90 km²（其中主岛面积 128.35 km²），海域面积 4600 km²，现有 8 万多常住人口，现辖 3 镇 2 管委。南澳岛地处粤东海面，位于高雄—厦门—香港三大港口的中心点，濒临西太平洋国际主航线。南澳岛海岸线 87 km，大小港湾 66 处，其中如烟墩湾、长山湾和竹栖肚湾等多处具备兴建深水港，辟建万吨级码头，具备发展海洋航运事业的优越条件。南澳岛的青澳湾是沙质细软的缓坡海滩，海水清澈，盐度适中，是天然优良的海滨浴场，是广东省两个 A 级沐浴海滩之一；还有"天然植物园"之称的黄花山国家森林公园和"候鸟天堂"之称的岛屿自然保护区；又有亚洲第一岛屿风电场，历史悠久的总兵府、南宋古井、太子楼遗址以及众多文物古迹 50 多处，寺庙 30 多处，具有"海、史、庙、山"相结合的立体交叉特色，蓝天、碧海、绿岛、金沙、白浪是南澳生态旅游的主色调（图 1-11）。

图 1-11　南澳岛自然美景

南澳岛附近可供开发的渔场 $5 \times 10^4 km^2$，盛产石斑鱼、龙虾、膏蟹、鱿鱼等优质高档水产品，有鱼、虾、贝、藻类 1 300 多个品种。沿岛水深 10 m 以内的海域面积 165.7km²，水质好，浮游生物种群多，可发展大规模海水养殖。目前，海水网箱养殖已达 5 000 多格，鲍鱼、海珍珠和贝藻类养殖也已初具规模。

1.4.1.7　南田岛

南田岛位于浙江省宁波市象山县石浦镇南 3 km 处，为宁波市第一大岛。作为象山县国家级海洋生态文明示范区的重要组成部分，南田岛立足自身独特的区位优势与资源特点，以"工业强镇、海洋兴镇、生态立镇、商旅活镇"为目标，提出建设"现代化生态型海岛小城市"，并先后成功创建国家级生态镇，省级文明镇、卫生镇，并先后荣获省级先进党组织、综合治理先进集体，市级先进党组织、"美丽幸福新家园建设先进乡镇"、安全生产工作先进乡镇、"五水共治"先进乡镇、抗台救灾先进乡镇等称号，一系列荣誉称号的取得见证了南田为不断促进海岛经济、环境的持续发展所做的努力，同时也为创建和美海岛奠定了良好的基础。

大沙旅游景区位于南田岛东角，与省级海岛森林公园风门口景区连接，那里风浪小，海水清澈，形成了独一无二的天然沙场。大沙海景优美，景区三面环山，一面临海，正南方有长 750 m，宽 150 m，面积约 12.3×10⁴ m² 的沙滩，呈新月形，沙面平展，沙质细腻，海水洁净，底无乱石，素有"潮来一排雪，潮去一片金"的美誉，踏沙戏浪，令人流连忘返。大沙紧连猫头洋水道，距中国渔村石浦皇城沙滩 30 min 航程，檀头山 20 min 航程，渔山 1.5 h 航程，花岙山石林景区 1 h 航程。此外位置与"中国渔村"南北呼应，是石浦港景观带不可缺少的一部分（图 1-12）。

图 1-12　南田岛大沙全景

南田岛滩涂资源丰富，滩面平坦宽广，涂质细软肥沃，紫菜等水产品养殖同样形成了别具特色的滨海风景线，成为摄影爱好者趋之若鹜的取景地。南田岛西部多低丘平原，东部多山地，森林覆盖率达 40%。近年来，南田利用地理优势，大力发展种植业，大量种植柑橘、枇杷、杨梅、梨等果木树种，每年 3、4 月份，千亩梨花、桃花、油菜花竞相开放，5 月枇杷丰收，10 月橘子采摘，观光农业为海岛经济注入了新鲜活力，同时也使得海岛景观更加丰富、层次更加鲜明（图 1-13）。

图 1-13　南田岛茶园

1.4.2　国外著名的美丽海岛

1.4.2.1　巴厘岛

巴厘岛，位于印度洋赤道以南，爪哇岛东部，属印度尼西亚，距首都雅加达超过 1 000 km，与爪哇岛之间仅有 3 200 m 宽的海峡相隔。岛上地势东高西低，山脉横贯，这里的山气势雄伟，有 10 余座火山，东部的阿贡火山海拔 3 142 m，是岛上的最高峰。全岛总面积 5 632 km²，人口约 390 万，属典型的热带雨林气候；日照充足，年降水量约 1 500 mm，一般分为两季：4—10 月为干季，11 月至翌年 3 月为雨季。巴厘岛号称"花之岛""南海乐园""神仙岛""罗曼斯岛""绮丽之岛""天堂之岛"，众多美称的背后，不变的是巴厘岛的迷人风光，其被评为"世界上最佳的岛屿"之一（图 1-14）。

巴厘岛上很早就有人居住，公元前 300 年时的青铜器时代，巴厘岛已有非常先进的文明，如今仍在使用的农田灌溉系统就是沿袭自当时。自 10 世纪开始，印度文化、伊斯兰文化相继进入巴厘岛，大批印度教的僧侣、贵族、军人、工匠和艺术家来到巴厘岛，成就了 16 世纪巴厘岛的黄金时代。

图 1-14　巴厘岛风光

1550 年，巴图仍贡建立了第一个巴厘岛王国，也就在这个时候，来自欧洲的白人开始来到巴厘岛。据资料记载，1588 年，3 位荷兰航海家在船只失事后登陆巴厘岛，这是西方人第一次来到该岛，在很长的一段时间内，荷兰殖民者专注于掠夺爪哇岛、苏门答腊的资源(香料、木材等)和进行海上贸易，20 世纪初，荷兰人决定征服该岛，巴厘岛原住民在抗争无效之后，选择大规模集体自杀，该自杀事件经新闻传到欧洲后引发震动，迫使荷兰人实行较人道的统治，巴厘岛的传统文化特色也由此保持下来。

如今巴厘岛是印度尼西亚最著名的旅游地，被许多旅游杂志评选为世界上最令人陶醉的度假目的地之一。巴厘岛上的景点较多，而且较分散，以海滩、火山等自然景观为主，还有很多寺庙、公园等。

巴厘岛南部相继分布着金巴兰、库塔等海滩，这里的海水湛蓝清澈，海滩沙细滩阔，空气清新自然，是巴厘岛最美的沙滩和海滨浴场。其中金巴兰海滩的日落最为知名；库塔海滩号称是巴厘岛上最美的海岸，是个冲浪的好地方。

金巴兰海滩

金巴兰海滩是世界十大美丽落日景点之一。日落时分，海面的天空变得瑰丽无比(图 1-15)。落日熔金，海水共长天一色，令人沉醉。

库塔海滩

库塔海滩平坦，沙粒洁白细腻，碧蓝的天空，朵朵的白云，与其倒影遥相呼应，如同山水画的写意自然。库塔海域还是玩冲浪、滑板的乐园。

图 1-15　巴厘岛沙滩

蓝梦岛

蓝梦岛是位于巴厘岛东南边的一座离岛，非常适合潜水，水下生物清晰可见，因此也被称为"玻璃海"。岛上还有梦幻海滩、恶魔的眼泪、红树林等很多著名的景点，非常有特色。

潜水胜地

在巴厘岛的众多潜点中，图兰奔、珀尼达岛、八丹拜是其中最著名的。珀尼达岛与蓝梦岛附近的海域海水清澈，细沙洁净，非常幽静和舒适，是巴厘岛最好的潜水地。图兰奔这里有一艘第二次世界大战期间的沉船"自由"号，离岸边只有 40 m 的距离，最浅处的船尾部分不过 3 m 深，是一个漂亮的沉船潜点；珀尼达岛则可以看到翻车鱼；八丹拜的海水能见度达 20 m 以上，可以看到海马、蓝点魟、叶子鱼。

阿贡火山

阿贡火山是一座位于巴厘岛东部的活火山，海拔 3 142 m，为巴厘岛的最高峰，被当地人奉为圣山。

1.4.2.2　普吉岛

普吉岛位于印度洋安达曼海东南部，距离曼谷约 860 km，是一座由北向南延伸的狭长岛屿，面积 543 km²。岛上主要的地形是绵亘的山丘，最高峰为十二藤峰，海拔529 m，平地主要位于中部和南部。普吉岛地处热带，属潮湿的热带气候，绿树成荫，常夏无冬；岛上有宽阔美丽的海滩、洁白无瑕的沙粒、碧绿翡翠的海水，风景秀丽，引人入胜，它是泰国主要的旅游胜地，被誉为"安达曼海的明珠"（图 1-16）。

图 1-16　普吉岛

　　早在公元前 1 世纪，普吉岛上就有人居住，曾经被海上游牧族所占据，他们没有任何文字，也没有任何宗教信仰，被称为"海上的吉卜赛人"。这些海上游牧族能建造小而坚硬的船只，常年在普吉岛沿海采集贝类或干脆劫掠过往船只，被世人认为是极为原始和野蛮的一族。约 16 世纪时，泰国古代阿瑜陀耶王国崛起，统治势力北达兰那泰王国，南至马来半岛，东面曾扩张到老挝的琅勃拉邦，西抵丹那沙林（德林达依），普吉岛也被并入阿瑜陀耶王国。18 世纪末期（1767 年），阿瑜陀耶王国被缅甸灭亡。

　　普吉岛拥有众多海滩，大部分美丽的海滩位于岛的西侧，如海岸线弯而细长、水清沙细、适合冲浪的卡伦海滩；海水清澈、北部有珊瑚礁相伴、适合潜水的卡塔海滩；而芭东海滩的景色在普吉岛所有的海滩中具有独特优势（图 1-17）。

图 1-17　普吉岛沙滩

芭东海滩

芭东海滩全长 3 km，这里沙滩平缓，海浪柔和，不仅有完美的海滩美景，而且有丰富的娱乐、度假项目和热闹的夜市，是普吉岛开发最早、发展最成熟的海滩之一。

普吉镇

普吉镇位于普吉岛的东部，又称普吉老街，离海边较远，从各个海滩均有班车到达普吉镇，这里是个省会城市，聚集着政府办公楼，是普吉岛的历史文化中心。

18 世纪后，大批华人涌入这里挖矿并定居，如今普吉镇中还能发现历史悠久的中式骑楼，甚至还能看到烟雾缭绕的中国道观。19 世纪末这里成为一座城市，20 世纪初是锡矿开采的巅峰时期。后来普吉岛的锡矿资源越来越少，开始没落，普吉镇又转向橡胶行业，然后借助海岛优势大力发展旅游业，如今岛上居民从事的工作大多与旅游业相关。

普吉岛离岛各有特色

除了本岛的古镇和海滩之外，普吉岛还下辖有 39 座离岛，每一座岛屿都有精致绝美的景色，其中有名的离岛有珊瑚岛、皮皮岛。

珊瑚岛因丰富的珊瑚群生态而得名，位于普吉岛最南边 9 km 处，在小岛的周围环绕着各种色彩缤纷的珊瑚礁，这里是泰国国家一级珊瑚保护区，优质的珊瑚形态各异，这里也是各种水上运动的绝佳地点。

皮皮岛由大皮皮岛和小皮皮岛组成。在大皮皮岛和小皮皮岛之间有两个非常漂亮的海湾，一个叫罗达拉木湾，一个叫通赛湾，两个海湾之间往返只要步行 10 min，景色优美。

1.4.2.3　卡普里岛

卡普里岛属意大利坎佩尼亚区，在那波利湾南部入海口附近，与索伦托半岛相望，面积约 10 km^2。它是一座石灰岩岛屿，中间地势较低，临海的一侧多为绝壁，最高点索拉罗峰海拔 589 m。整座岛可分为东边的卡普里镇和西边的阿纳卡普里镇。这里不仅有世界七大奇景之一的蓝洞，还有湛蓝的海水、茂盛的植被、精致的度假小屋和花园、古老的罗马遗址等，是意大利最受欢迎的度假胜地之一（图 1-18）。

卡普里岛是一座石灰岩岛屿，岩石峭立，易受海水侵蚀，岩石间形成了许多奇特的岩洞。卡普里岛史前已有人定居，后成为希腊殖民地。在罗马帝国初期为国王的游览地。拿破仑战争中数次在英、法间易手。1813 年归属西西里王国。

在卡普里岛的诸多岩洞中，最有名的是位于岛北部的蓝洞。它的洞口很小，内侧深 54 m，高 15 m，只能乘坐小船进入。由于洞口的特殊结构，当阳光从洞口射入洞内，再从洞内水底反射上来时，海水一片晶蓝，连洞内的岩石也变成了蓝色，因此被称为"蓝洞"，洞内曾发现波塞冬和特里同的雕像（图 1-19）。

图 1-18　卡普里岛

图 1-19　卡普里岛蓝洞

翁贝托广场

翁贝托广场是岛上最主要的广场，得名于萨瓦省的一位统治者，但是人们更愿意随意地称它为"小广场"。它是小岛行政中心的核心地区，也是游览全岛奇迹之旅的第一个和最重要的一个驻足之处。

1.4.2.4　西西里岛

西西里岛是地中海上最大的岛屿，属意大利，面积 2.5×10^4 km²，人口约 500 万。整个岛屿呈三角形，西西里岛正好位于长靴形的意大利半岛的鞋尖地带（图 1-20），全岛东西长 300 km，南北最宽为 200 km；地形以山地、丘陵为主，沿海有平原；多地震；

地中海式气候，春秋温暖，夏季干热，冬季潮湿，平原地区年降雨量为 400～600 mm，山地为 1 200～1 400 mm，被称为"地中海明珠"（图 1-20）。

图 1-20　西西里岛

西西里岛在地中海的商业贸易路线中占据重要地位，这里辽阔而富饶，气候温暖，风景秀丽，盛产柑橘、柠檬和油橄榄。由于其拥有发展农林业的良好自然环境，历史上被称为"金盆地"。西西里岛曾先后被古希腊人、罗马人、拜占庭人、诺曼人、西班牙人和奥地利人等统治过，直到 150 年前纳入意大利版图，因此，这里是多种文明的交汇之地，各个时期的历史建筑在这里完美地融合。

巴勒莫

三种建造风格并存的巴勒莫是西西里岛的首府，也是西西里岛的第一大城，位于岛的西北部，历经多种宗教、文化的洗礼，市区建筑风貌各异，是个地形险要的天然良港（图 1-21）。

图 1-21　巴勒莫

卡塔尼亚

卡塔尼亚是西西里岛上的第二大城市，其背靠埃特纳火山，曾 9 次被火山灰掩埋，面向伊奥尼亚海，有"南意米兰"之称。卡塔尼亚是一座 8 世纪时的古城，市内以大教堂广场为中心，有圣阿加塔大教堂、大象喷泉、比斯卡里宫、鱼市、罗马剧场和乌尔斯诺城堡等标志性景点。卡塔尼亚公元前 400 年曾是古希腊的殖民地。公元前 212 年又归罗马共和国管辖，现在是西西里岛上一个度假胜地。

陶尔米纳

陶尔米纳北靠悬崖，面临大海，城市建在层层山石之上，山城最高处有一座公元前 2 世纪罗马人建立的希腊剧场，它是西西里岛的第二大剧场。站在希腊剧场的山崖边远眺，一边是广阔、蓝色的伊奥尼亚海的海上风光，另一边是埃特纳火山的壮丽山景。

阿格里真托

阿格里真托被誉为"诸神的居所"，希腊抒情诗人品达罗斯曾称赞阿格里真托是人间最美的城市。小城曾先后几易其主，昔日繁华不再，唯留许多神庙遗迹，最有名的是神殿之谷。

1.4.2.5 克里特岛

克里特岛位于地中海东部的中间，距希腊本土 130 km，总面积约 8 200 km²，是希腊的第一大岛，自古以来就是一个人口众多的富庶之地，是古代爱琴海文明和诸多希腊神话的发源地，是欧洲文明的摇篮，也是美不胜收的度假胜地（图 1-22）。克里特岛是一个以崎岖山地为主体的岛屿，东西长约 260 km，南北最宽 60 km，构成岛上东西主轴的克里特山脉，分为 4 个山群，主峰伊季峰海拔 2 456 m，为岛上最高点。岛上气候属温带与热带的过渡性地带，年降雨量 640 mm。克里特岛夏季炎热干燥，冬季温和，岛上有山地和深谷，还有断崖、石质岬角及沙滩构成的海岸，四周万顷碧波，因而有"海上花园"之称。

粉红色沙滩距离干尼亚市区有 2.5 h 的车程，是克里特岛的"镇岛之宝"（图 1-23），这里的海水清澈见底，颜色由浅及深，景色十分迷人，尤其以粉红色的细沙而闻名世界，在阳光的照射下，海滩上的细沙显出道道粉色光环，美轮美奂。

关于粉红色沙滩的成因有两种说法：一种是海中数以亿计的海洋生物残骸被冲上了沙滩，经过长期的风化，它们的粉色贝壳变成沙粒铺在沙滩上；另一种是离这里不远的锡拉岛的火山爆发，部分岩浆岩冲击到这边的沙滩，时间久了后，被研磨成粉色细沙。

图 1-22　克里特岛

图 1-23　克里特岛粉红色沙滩

克里特岛之光：米诺斯文明

米诺斯文明，是爱琴海地区的古代文明，出现于古希腊迈锡尼文明之前的青铜时代，"米诺斯"这个名字源于古希腊神话中的克里特国王米诺斯（Minos）。该文明的发展主要集中在克里特岛，如精美的王宫建筑、壁画及陶器、工艺品等。米诺斯文明的起源几乎不为人知，因其留下的文字记载不多，而且使用的是至今未能解读的线性文字，使得我们无法对这一灿烂的文明深入了解。米诺斯文明到底是如何毁灭的，也是史学界争论的焦点之一，有人认为毁于地震，有人认为毁于火山喷发，也有人认为毁于人为因素。

图 1-24 克里特岛文明遗址：克诺萨斯王宫

20 世纪初，在克里特岛的北部发掘出克诺萨斯王宫遗址。整个王宫倚山而建，地势西高东低，庭院以西的楼房有两三层，而以东楼房则有四五层。如果从东麓远望王宫，可以看见整个王宫层层高耸、门窗柱廊参差罗列，这气派雄伟的景观在古代王宫中也十分罕见。

迪克特山

"宙斯，众神与人类之父，统治着奥林匹斯山，却出生于克里特岛的迪克特山。"在克里特岛的迪克特山上有一个由钟乳石与石笋构成的巨大岩洞，岩洞内有祭祀遗迹，传说这个岩洞是宙斯的出生之地。

库勒斯堡垒

库勒斯堡垒坐落在伊拉克利翁港口防波堤大道的入口处，是威尼斯人在公元1523—1540 年修建的海上防御工事。后来奥斯曼帝国成功占领克里特岛，库勒斯堡垒成为奥斯曼帝国关押克里特岛反抗者的监狱。此后，库勒斯堡垒虽然经常遭到战火的洗礼，很多建筑上还有战争的痕迹，但是却一直保存完好。

伊拉克利翁考古博物馆

克里特岛作为克里特文明和迈锡尼文明的发源地，这里遗迹众多，有很多博物馆，其中的伊拉克利翁考古博物馆被誉为欧洲最重要的博物馆之一。

伊拉克利翁考古博物馆坐落在伊拉克利翁市中心，这里在威尼斯统治时期一直是圣方济各天主教修道院，曾经是克里特岛最富有、最重要的修道院之一，可惜在1856年毁于地震，直到20 世纪初修建成伊拉克利翁考古博物馆。伊拉克利翁考古博物馆是克里特文明的大宝库，收藏了克里特岛上各地出土的米诺斯王宫遗址、城镇出土的文物，包括陶土器皿、金饰、青铜器具以及精彩的壁画等，藏量丰富可观。

伊拉克利翁

伊拉克利翁于 824 年由撒拉逊人建立，之后一直战火不断，统治权交替不断，直到 1913 年才成为希腊王国的成员。伊拉克利翁城内有著名的伊拉克利翁考古博物馆、克里特岛历史博物馆、库勒斯堡垒、克诺索斯王宫、"迷宫"乐器博物馆等景点，其中克诺索斯王宫无疑是克里特岛上最受欢迎的景点。

干尼亚

干尼亚是克里特岛上的第二大城市，是一个位于克里特岛西北岸的港口小城。这个港口小城格外宁静，保留着古老的街道，克里特岛上的威尼斯风格的建筑有很多，整个干尼亚城内都能感受到浓厚的威尼斯遗风，不过保存得最好的要数街道尽头的威尼斯港，在港口的入口处有座世界上最古老的埃及灯塔。

1.5　和美海岛的建设背景

2024 年 1 月，习近平总书记在《以美丽中国建设全面推进人与自然和谐共生的现代化》文章中指出：今后 5 年是美丽中国建设的重要时期，要深入贯彻新时代中国特色社会主义生态文明思想，坚持以人民为中心，牢固树立和践行绿水青山就是金山银山的理念，把建设美丽中国摆在强国建设、民族复兴的突出位置，推动城乡人居环境明显改善、美丽中国建设取得显著成效，以高品质生态环境支撑高质量发展。

海岛作为我国海上疆域的重要组成部分，在维护国家海洋权益、保障国防安全、壮大海洋经济、拓展发展空间、支撑海洋强国建设方面扮演着重要角色。然而多数海岛面积相对较小，生态系统脆弱，一旦遭到破坏就难以恢复，且海岛地区经济社会发展形态模式与陆地不同，地区经济发展不平衡、不充分的问题更为突出。因此，加大研究对海岛的生态保护和可持续发展研究，推动和美海岛建设，则是推动美丽中国建设的重要组成部分，也将对海洋强国建设起到积极的支撑作用。

和美海岛创建示范的目标是建设一批"生态美、生活美、生产美"的和美海岛，促进海岛地区生态环境明显改善，人居环境和公共服务水平明显提升，居民收入显著提高，特色产业和绿色发展方式优势凸显，公众海岛保护意识普遍增强，推动海岛地区实现绿色低碳发展，促进资源节约集约利用，形成岛绿、滩净、水清、物丰的人岛和谐"和美"新格局。

围绕上述目标，和美海岛建设主要开展四项重点任务。

(1)加强海岛生态系统保护修复。通过严控围填海、退围还海还湿、保护修复自然岸线和滨海湿地、增殖放流等，恢复、修复红树林、海草床、芦苇、碱蓬等水生植物，加强鱼类、鸟类等生物及其栖息环境的系统保护与恢复、修复，保护海岛生物多样性，加强海岛生态系统稳定性，提升海岛生态系统服务功能。

（2）改善海岛人居环境质量。加强基础设施建设，完善岛内道路、给排水、供电、通信等各项设施建设；改善对外交通条件，提升桥梁、轮渡码头等交通设施建设；提高抵抗风暴潮、海岸侵蚀等灾害的能力，综合提升海岛公共服务水平；加强岸滩垃圾污染治理，减少岸滩和海漂垃圾，提升海水优良水质比例，高品质打造公众亲海空间。

（3）推动形成人岛和谐共生的发展格局。坚持生态优先、绿色发展的生产生活方式，协调平衡生态空间与利用空间，实施开发强度管控，降低岛陆建设用地强度，增加海岛资源利用产出，提高海岛利用效率，提升海岛资源节约集约利用水平；不断发挥海岛生态系统服务功能，提供优质生态产品，创造高品质物质和精神财富，推动海岛地区高质量发展。

（4）强化对海岛生态保护和开发利用的监测与评估。开展对海岛生态、生活、生产要素的定期监测、社会问卷调查和经济统计分析，全面评估和美海岛建设的生态、社会和经济效益。加强和美海岛建设与运行的监督管理，对入选和美海岛进行抽查，发现问题及时督促整改，形成和美海岛建设的长效机制。

2021 年 6 月，经全国评比达标表彰协调小组办公室批准，和美海岛被列为国家级创建示范活动，由自然资源部组织实施。2022 年 5 月，自然资源部办公厅印发《关于开展和美海岛创建示范工作的通知》，标志着和美海岛示范创建工作正式启动。2023 年 6 月，自然资源部公布了首批和美海岛名单，共有 33 个海岛入选。

1.6　和美海岛的建设意义

1.6.1　有利于加强生态保护

纵观人类环境保护问题，资本主义国家走的是先发展后治理的路子，并为此付出了惨重代价。比如世界八大环境公害事件，就给人类历史留下极其惨痛的教训：1952 年 12 月，英国伦敦由于冬季燃煤引起的烟雾事件，导致 4 天时间 4 000 多人死亡，两个月后又有 8 000 多人死亡。1952—1972 年间断发生的日本水俣病事件，由于工业废水排放汞污染造成，共计死亡 50 余人，283 人严重受害而致残。相关事件对经济、社会的发展造成极大的危害。

海岛兼具海洋和陆地生态环境特征，是山水林田湖草沙系统化治理的天然试验场。但是，海岛生态系统十分脆弱，统计资料显示，世界上 90% 的爬行类、两栖类及 50% 的哺乳类动物灭绝皆发生于海岛地区，因而加强对海岛生态保护和修复尤为重要。

海岛的地理位置决定其自然灾害现象频发，如风暴潮、台风、暴雨、干旱、海冰等时有发生；同时受气候异常影响较大（如海平面上升，全球变暖）。海岛四周环海，无过境客水，淡水资源基本上靠天然降水，但由于其陆域面积狭窄，集雨面积有限，不能形成水系，且大多数岛屿地形以基岩丘陵为主，岩层富水性弱，承压淡水及潜水的范围小，截水条件差，地表径流大都直接入海，因此海岛淡水资源极其匮乏。

海岛土地资源有限，土地贫瘠（大都为低产的氧化土），同时受海浪和海风侵蚀远比陆域土地严重，造成海岛水土流失严重、土壤肥力缺乏、土地资源短缺。同时，海岛四周环海，海岛岸线受波浪、海流、潮汐、风暴潮和冰冻等侵蚀影响严重；此外滩涂围垦、大量开发海滩泥沙、珊瑚礁，滥伐红树林以及不适当的海岸工程设置也会引起海岸侵蚀。

由于地理隔离、风沙的作用和土壤的贫瘠，植被多不发育，海岛生态环境系统群落组成单一，结构简单，多样性低，稳定性差，抗干扰能力弱，环境承载力有限，生态系统十分脆弱，一旦受自然灾害影响和人类无序、无度开发，生态环境遭到破坏就很难恢复。

此外，海岛面积一般较小，土地和森林资源有限，植被退化和水土流失严重，一度时期的人为砍伐植被、挖沙采石，严重破坏海岛地貌，加剧了水土流失，使得海岛的生物资源更加匮乏。且海岛生物因缺少掠食动物或天敌，侵略性较小，扩散能力较弱，因此当有外来生物入侵时，本地种往往无法适应，极易造成生物灭绝。

无污染的生态环境是实现人类社会永续发展的根本保障，也反映了人们的生态素养水平的高低。"经济上去了，老百姓的幸福感大打折扣，甚至强烈的不满情绪上来了，那是什么形势？……这里面有很大的政治。"世界潮流，浩浩荡荡，顺之者昌，逆之者亡。习近平总书记的谆谆教导把生态文明建设放在更加重要的地位，是顺大势和合乎民心民意的重要举措，是在总结国内外生态环境治理实践和历史发展规律的基础上，以全局眼光，战略思维，经理论升华，系统科学提出的科学理论体系。随着经济社会的快速发展和对自然资源需求的加剧，海洋生态环境尤其海岛生态环境问题，日益成为公众和政府关注的重大问题。海岛地区人民群众对优质生态产品和优良生活环境的需求日趋迫切。

1.6.2　有利于人与自然和谐共生

人类社会走过了原始狩猎文明、农业文明、工业文明，进入后工业文明阶段。在原始狩猎文明时期，人处于"畏惧自然"的阶段，人类活动对自然界影响很小；农业文明基本解决了"吃饱穿暖"，人类活动对自然界依赖程度很大，人处于"依赖自然"的阶段；工业文明则在很大程度上解决了"居适行捷"问题，人类活动对自然界影响很大，人处于"征服自然"的阶段。然而，工业文明及人类技术进步对资源、环境、生态等所造成的破坏和污染等方面也达到了空前的程度。在处理日益严重的环境问题上，技术绝对不是万能的，新技术应用带来的负面影响也正逐渐显现。人与自然的关系也经历了"否定之否定"的发展规律，历史经验和教训说明：尊重自然、保护自然是人类文明发展的必由之路。

在人类改造自然、征服自然的态度上，恩格斯指出："我们不要过分陶醉于我们人类对自然界的胜利。对于每一次这样的胜利，自然界都会对我们进行报复。"每一次人类征服自然的胜利，起初我们可能确实取得了一定的结果，但是之后却会发生出乎预料甚至截然相反的影响，他以美索不达米亚、希腊、小亚细亚的居民为例，当初为了扩大耕地而毁灭了森林，但是他们做梦也想不到，这些地方后来竟因此成为不毛之地。

在人与自然的共存发展问题上，正如马克思指出："我们每走一步都要记住：我们决不像征服者统治异族人那样支配自然界，决不像站在自然界之外的人似的去支配自然界——相反，我们连同我们的肉、血和头脑都是属于自然界和在于自然界之中的。"自然界是人的无机的身体，人靠自然界生活。这就是说，自然界是人为了不致死亡而必须与之处于持续不断的交互作用过程的人的身体。从辩证法的角度看，在自然界中任何事物都不是孤立发生的，每个事物都作用于别的事物，反之亦然。动物（包括人类）对环境的这些改变反过来作用于改变环境的动物（人类），使他们发生变化。

在自然界的物质循环和能量流动中，由于食物链的关系，一些因环境污染带来的金属元素或有毒有机物质，可以在不同的生物体内经吸收后逐级传递，不断积聚和浓缩，最后形成了生物富集或放大作用，可使环境中低浓度的有毒有害物质，在最后一级体内的含量提高几十倍甚至成千上万倍，这将直接对食物链顶层的人类造成极大的危害。所以说，人类破坏自然，污染环境，最终破坏和伤害的是自己的健康和生命。因此，在生态文明建设的问题上，习近平总书记强调，扎扎实实推进生态环境保护，要像保护眼睛一样保护生态环境，像对待生命一样对待生态环境，推动形成绿色发展方式和生活方式；这正是马克思人与自然关系更形象、生动的说明和深化，而且丰富和发展了马克思主义的自然观，深化了人与自然的辩证关系。

在生产力与自然的辩证关系上，马克思指出："人的思维最本质和最切近的基础，正是人所引起的自然界的变化，而不仅仅是自然界本身；人在怎样的程度上学会改变自然界，人的智力就在怎样的程度上发展起来。"也就是说，人在自然界劳动，并从中生产出和借以生产出自己的产品的材料；没有自然界，没有感性的外部世界，即没有劳动加工的对象，生产力就不能存在，人什么也不能创造。

中华民族向来尊重自然、热爱自然，绵延5 000多年的中华文明孕育着丰富的生态文化。中国传统文化认为自然界是人类生活、生存的基础，自然与人是不可分割的一体，提出把人类的需要与自然万物的和谐相处结合起来，对万物利而不害。

儒家思想提倡人与自然和谐相处，热爱、尊重、善待自然。《中庸》提出"致中和，天地位焉，万物育焉"，《周易·序卦》提出"有天地，然后有万物；有万物，然后有男女"，充分表明中国古代对自然界孕育万物的深刻认识；《孟子·梁惠王上》提出："故苟得其养，无物不长；苟失其养，无物不消。"认为对于自然资源要很好地培育和养护，强调对自然环境要有怜悯的善待之心，不能过度消耗自然资源。

传统道家思想也强调天人合一的观念，老子曰"人法地，地法天，天法道，道法自然"，认为人和自然在本质上是相通的，故一切人事均应顺乎自然规律，达到人与自然和谐；《庄子·达生》曰："天地者，万物之父母也。"庄子《齐物论》中有"天地与我并生，而万物与我为一"，这些理论是追求达到人与自然本体合一的最高境界，主张在自我的修炼中，将人性融入自然的自然之性、自然之心中，达到人心、人性和自然之心、自然之性的统一。

1.6.3　有利于海岛特色发展

和美海岛是指"生态美、生活美、生产美"的海岛，总体来说有以下三大特点。

（1）坚持生态优先。海岛兼具海洋和陆地生态环境特征，是山水林田湖草沙系统化治理的天然试验场。同时，海岛生态系统十分脆弱，统计资料显示，世界上 90% 的爬行类、两栖类及 50% 的哺乳类动物灭绝皆发生于海岛地区。因此，我们考虑和美海岛创建必须坚持生态优先，并设置了植被覆盖率、自然岸线保有率、野生动植物保护效果等 7 项生态保护修复相关指标，为海岛"生态美"保驾护航。

（2）坚持以人民为中心。碧海蓝天、干净整洁的岛容岛貌、安全的饮用水、可靠的电力通信、便捷的交通、完备的防灾减灾设施是"生活美"的必要条件。2017 年海岛统计调查公报显示，我国 8% 左右的有居民海岛和 98% 左右的无居民海岛尚无淡水供应（不含港澳台），还有近 10% 的有居民海岛没有电力供应，大部分海岛防灾减灾能力明显不足。针对现存问题，指标体系设置坚持以人民为中心的发展思想，围绕人民生活最关切的方面，在海岛空气、水、电、交通、防灾减灾等方面进行考核和创建引导，设置了 9 项指标，着力引导海岛地区人居环境改善。

（3）坚持绿色发展。海岛面积相对较小、资源有限，实施全面节约战略、绿色低碳发展至关重要。因此在指标设置中，重点设置了资源节约集约利用、绿色低碳发展、特色经济发展等 12 项指标，引导海岛地区坚决贯彻"绿水青山就是金山银山"的理念，推动生态产品价值实现，打造"生产美"的绿色新样板。

而基于海岛"小"和"脆弱"的固有特征考虑，海岛发展中要求始终坚持生态保护优先，要将经济活动、人类行为限定在海岛生态环境能够承受的范围之内，坚持人与自然和谐共生，以"和"至"美"。从这个意义上讲，和美海岛创建的本质是对人岛关系的理性调适，其目的是在保障生态系统健康的基础上，促进海岛保护利用综合效率和效益，形成岛绿、滩净、水清、物丰的"和美"新格局。

1.6.4 有利于示范引领

习近平总书记指出：海洋对人类社会生存和发展具有重要意义，海洋孕育了生命、联通了世界、促进了发展。海洋是高质量发展战略要地。要加快海洋科技创新步伐，提高海洋资源开发能力，培育壮大海洋战略性新兴产业。要促进海上互联互通和各领域务实合作，积极发展"蓝色伙伴关系"。要高度重视海洋生态文明建设，加强海洋环境污染防治，保护海洋生物多样性，实现海洋资源有序开发利用，为子孙后代留下一片碧海蓝天。要合理有效地保护资源环境。海洋开发切不可以牺牲海洋环境为代价，切不可为追求近期经济效益而损害整个自然界的生态效益。一定要按照"开发与保护并重，经济效益、社会效益和环境效益相统一"的原则，制定有关法规，严格控制陆地污染物超标排放，采取有效措施制止严重破坏海洋的行为，确保海洋资源可持续利用。同时，加强对海洋保护的宣传教育和监督管理，不断提高群众的环保意识，增强保护海洋环境的自觉性。

和美海岛创建示范工作是践行"绿水青山就是金山银山"的理念，以坚持生态优先、节约优先、保护优先为基础，同步推进物质文明建设与精神文明建设的重要举措。同时，该项工作也是展现美丽中国建设背景下，推动海岛保护管理水平提升的一项重要举措。此项工作是做好海岛管理的重要抓手，也是转变海岛生产建设方式，促进海岛地区经济社会全面绿色发展的重要契机。

今后，我们将积极发挥和美海岛的示范引领作用，以加强生态保护、改善人居环境、增加岛民幸福感为重点，以提升海岛综合治理能力为落脚点，紧紧围绕"生态美、生活美、生产美"的创建主线，坚持一岛一品，实施有关任务和工程措施，形成保持"和美"的长效机制，持续满足人民群众对优美生态环境与美好生活的需要。

第 2 章　和美海岛建设相关理论基础

2.1　可持续发展理论

2.1.1　可持续发展的内涵

自 20 世纪 60 年代起，传统发展模式的弊端日益凸显，人口增长、资源危机、生态破坏和环境污染的问题不断出现，传统发展模式带来了许多问题，并危及人类自身的生存。在此背景下，人们开始探讨人与自然的关系和协调模式，开始重新理解自然资源和环境保护的真正内涵及意义（王梓屹，2018）。

1972 年，在瑞典斯德哥尔摩举行的联合国人类环境大会上最先提出了"可持续发展"的概念。1987 年，世界环境与发展委员会（WCED）向联合国提交了《我们共同的未来》报告，该报告中对可持续发展的定义被普遍认可，即：可持续发展是人类有能力使发展持续下去，使之既能满足当前的需要，又不危及下一代满足其需要的能力（世界环境与发展委员会，1997）。1992 年，在巴西里约热内卢召开的联合国环境与发展大会上，183 个国家、102 位国家元首和政府首脑、70 个国际组织就可持续发展的道路达成了共识，正式通过了《里约热内卢环境与发展宣言》（简称《里约宣言》）以及旨在鼓励发展的同时保护环境的全球可持续发展计划行动蓝图——《21 世纪议程》等重要文件，标志着可持续发展由理论、概念向实际行动推进。至此可持续发展被绝大多数国家所接受和认可（崔旺来等，2017）。2002 年，在南非约翰内斯堡召开了可持续发展世界首脑会议，会议通过了《约翰内斯堡可持续发展报告》和《执行计划》，以表明各国政府采取共同行动以拯救地球、促进人类共同发展的决心。

可持续发展追求的目标是既要满足现代社会发展的各种需要，个人得到充分发展，又要保护资源环境，不对后代的生存和发展构成威胁（王丽君等，2019）。其核心在于实现社会、经济和生态的持续协调发展。

首先，从经济角度来看，可持续发展强调经济增长的必要性和质量的改善。经济增长是提高人们生活水平、增强国家实力和增加社会财富的基础。没有经济的发展，不可能消除贫困，也谈不上可持续发展。然而，可持续发展并非简单地追求经济数量的增长，而是更加注重经济质量的改善和效益的提高，是在不降低环境质量和不破坏自然资源基础上的经济发展。它要求改变传统的"高投入、高消耗、高污染"的生产方式，积极倡导清洁生产和适度消费，以减少对环境的压力。要求在发展经济的同时，必须充分考虑到资源有限性和环境承载力，实现资源的高效、循环利用。

其次，从社会角度来看，可持续发展关注社会公平、公正和稳定，包括代与代之间、同代人之间和地区之间的公平等。它强调在满足当代人需求的同时，不能忽视后代人的发展需求。这意味着我们在制定发展政策和规划时，必须充分考虑到不同群体的利益和需求，特别是弱势群体的生存和发展权益。此外，可持续发展还强调社会的稳定和谐，要求在发展经济的同时，必须注重社会建设和管理，加强社会保障体系建设，提高弱势群体的生活水平，促进社会的公平和公正。可持续发展的最终落脚点是改善人类的生活质量，创造美好的生活环境。

最后，从生态角度来看，可持续发展强调生态环境的保护和恢复，即不超越环境系统更新能力的发展。它要求在发展经济和社会的同时，必须充分考虑到生态系统的平衡和稳定。在开发利用自然资源时，必须遵循自然规律和生态原则，实现资源的合理、循环利用。同时，还必须加强对生态环境的保护和修复，提高生态系统的自我调节能力和自净能力，保持生态环境的良好状态。

可持续发展的内涵是全面的、长远的、系统的，包括自然资源和生态环境的可持续发展、经济的可持续发展和社会的可持续发展。其完整内涵是指人与人之间、人与自然之间的互利共生、协同进化和发展。两个最基本的内涵是：发展与持续。发展是前提，是基础，是以追求社会全面进步为最终目标；持续是关键，既要兼顾本代人的利益，又要重视后代人的利益，实现人类社会的可持续发展。

2.1.2　可持续发展理论研究进展

可持续发展呼吁全球共同努力，协调经济增长、社会包容和环境保护之间的关系，为人类和我们所在的星球创造一个包容、可持续、可期待的未来。1987年世界环境与发展委员会的报告《我们共同的未来》中，深刻表达了对人类发展带来的资源、环境恶化的担忧。1992年联合国环境发展大会提出了可持续发展的概念，谋求解决各种全球性环境问题的途径。对人类发展模式的思考则可以追溯到20世纪60年代，以《寂静的春天》（1962年）、《公地悲剧》（1968年）、《增长的极限》（1972年）等为代表，越来越多的研究开始关注人类发展面临的资源耗竭、环境损害等问题（王柳柱，2020）。在1972年的斯德哥尔摩联合国大会上，可持续发展的概念首次获得全球范围的关注，环境与发展之间可以取得某种互惠的平衡关系。直至1987年，《我们共同的未来》中确定了可持续发展的经典定义。

随着对可持续发展内涵的深入理解，研究者逐渐认识到经济增长不等同于发展，富裕不等同于幸福，宏观经济存在最佳规模并且受制于环境阈值、生态系统承载力（孙新章，2012；Harangozo et al.，2018）。可持续发展评价指标也从最初的单一指数（侧重经济、环境或生态），向复杂的指标体系发展。从早期的"经济福利指数"（Index of Economic Well-Being）、"绿色 GDP 指标""真实发展指数"（Genuine Progress Indicator，GPI）（Osberg et al.，2002，2005，2011），到后期基于逻辑关系提出的一系列指标体系，如基于环境压力–环境退化关系提出的可持续发展指标体系（联合国可持续发展委员会，UNCSD）、基于评价对象的"压力–状态–响应"关系提出的可持续发展指标体系（联合国经济合作与发展组织，OECD），以及耶鲁大学和哥伦比亚大学联合发布的环境可持续发展指数（ESI）等。与此同时，可持续发展与环境、经济、社会的各个领域相结合，研究内容不断拓展延伸，包括环境容量、生态足迹、生态系统服务、能值等各种评价，还有针对不同产业的可持续发展评估，如旅游业、林业、能源交通等（李咏梅等，2013；李婧等，2016）。

2015 年，联合国可持续发展峰会通过了《变革我们的世界：2030 年可持续发展议程》（以下简称"2030 年议程"），提出了联合国可持续发展目标（Sustainable Development Goals，SDGs）。在"2030 年议程"的指导下，可持续发展目标指标机构间专家组制定了评价指标体系，以推动可持续发展评价的具体实施（王柳柱，2020）。自 2015 年开始，联合国可持续发展解决方案每年公开发布全球可持续发展报告。

2018 年的全球报告中指出，以 20 国集团（Group 20，G20）为代表的国家已经开始致力于推进 SDGs，但仍存在差距，全球尚未有国家实现 SDGs 的预期，其中目标 12（可持续消费和生产）和目标 14（保护和可持续利用海洋和海洋资源以促进可持续发展）的差距最大。同时，当前全球发展面临多重挑战，在 SDGs 推进的过程中，往往会出现解决一个问题，却使得另外一些问题更加恶化，即所谓不良适应（UNEP，2019）。Ntona 和 Morgera（2018）提出以一个目标为中心，通过建立该目标与其他目标间的联系，最终实现可持续发展整体目标的发展思路。当前，落实 2030 年可持续发展目标，已成为全球各国共同努力的方向。

2.1.3　海岛可持续发展

海洋可持续发展理论随着可持续发展理论的发展而出现，适用于海洋范围的可持续发展，主要指以海洋资源的可持续利用和保护海洋生态环境为基础，以谋求海洋经济和资源环境之间的协调可持续发展（毛彬，2018）。

在各国海岛开发进程中，可持续发展一直被置于核心位置。国外学者尤为关注小岛屿国家在全球气候变化背景下所面临的风险及应对策略。随着平均海平面的上升，台风、风暴潮等极端事件的频发，低海拔沿海地区将面临淹没、侵蚀及海水入侵等风险，海面水温的升高也增加了赤潮等海洋生态风险。鉴于这些岛屿地理位置偏远、面积有限、人口较少、资源短缺，其经济结构相对简单，旅游和出口产业对外部市场高度依赖，渔农业对自然灾害、气候变化高度敏感，因此，社会经济和自然环境均显露出高度的脆弱性，缺乏可持续性（Wong，2011；Bush，2018）。

海岛资源环境的独特性使其在旅游产业中具有重要的地位，较多研究聚焦于海岛旅游业的可持续发展。研究者通过态势分析法或层次分析法构建评价体系，从多个角度评估海岛旅游业或旅游目的地的可持续发展，并探讨海岛旅游可持续发展中的生态保护与发展模式。已有研究表明，海岛旅游的可持续发展与其良好的生态环境紧密相连，提倡低碳旅行是提升其可持续性的重要途径（罗烨等，2011；张超等，2015；孙元敏等，2015）。

随着2030年可持续发展目标（SDGs）的提出，中国亦发布了《中国落实2030年可持续发展议程国别方案》。该方案提出了"推动省市地区做好发展战略目标与国家落实2030年可持续发展议程整体规划的衔接"的对接重点；并针对"保护和可持续利用海洋和海洋资源以促进可持续发展"目标，提出了陆海污染联防联控、实施基于生态系统的海洋综合管理、执行科学的渔业资源管理计划、扩大全国自然岸线保有率等多项具体措施。

2.2　生态文明理论

2.2.1　生态文明的内涵

生态文明的产生是人类文明社会历经发展的自然结果。在人类历史长河中，人类文明经历了三个阶段：原始文明、农业文明和工业文明。随着一系列环境问题的日益严重，人类开始意识到需要开创一个新的文明形态来延续生存，这就是"生态文明"。生态文明，是以人与自然、人与人、人与社会和谐共生、良性循环、全面发展、持续繁荣为基本宗旨的社会形态。它是人类文明发展的一个新的阶段。生态文明是人类遵循人、自然、社会和谐发展这一客观规律而取得的物质与精神成果的总和。党的十八大将生态文明建设纳入"五位一体"总体布局，生态文明是贯穿于经济建设、政治建设、文化建设、社会建设全过程和各方面的系统工程，反映了一个社会的文明进步状态。

生态文明是一个高度复杂的系统，至少有3个层面（廖福霖，2001）：一是物质生产层面，生态文明是人们生产活动的产物，也是社会生产方式发展的结果，人们不能像工业文明时代那样粗暴地对待自然，必须遵循自然规律，善待自然。二是机制和制度层面，生态文明是自然生态系统和社会生态系统协调发展，良性运行的一种机制，包括社会政治、经济、科学和文化的结构，要做到善待自然，就必须重构经济体系、文化政治体制等。三是思想观念层面，生态文明是人类精神生产的产物，如生态文明价值观、伦理观、道德规范、行为准则等。生态文明要求人与自然和谐，处理好人与自然的关系，环境与发展的关系，物质财富和生活质量的关系等，以达到自然生态系统和人类社会系统的协调可持续发展。

生态文明的目标定位是人与自然和谐共生、人类社会永续发展（苗湃林等，2024），其内涵主要包含以下三个方面。

（1）人与自然和睦的文化价值观：强调人与自然的和谐共生，摒弃过度征服和破坏自然的观念，生态意识成为社会主要价值观。

（2）生态系统可持续的生产方式：在生产活动中，充分考虑生态系统的承载能力和可持续性，确保生产活动不会破坏生态系统的平衡。

（3）倡导"有限福祉"的生活方式：鼓励人们追求简单、健康、绿色的生活方式，减少对自然资源的消耗和环境的破坏。

2.2.2　生态文明制度建设

生态文明建设是我国现阶段中国特色社会主义建设的重要内容。党的十八大以来，国家高度重视生态文明建设工作，我国生态文明建设从理论到实践发生了历史性、转折性和全局性变化（杨林生等，2023），生态文明制度体系的建设在此过程中起到了关键性的作用。

生态文明制度是建设生态文明的重要保障，泛指有利于支持、推动和保障生态文明建设的各种引导性、规范性、约束性规定和准则的总和，包括正式制度（原则、法律、规章、条例等）和非正式制度（伦理、道德、习俗、惯例等）（夏光，2014；张振峰，2016）。从横向构成看，包括源头保护制度、损害赔偿制度、责任追究制度、环境治理和生态修复制度；从纵向构成看，它包括宪法中关于生态文明的规定，全国人大及其常委会制定的涉及生态文明建设的法律，国务院制定的生态文明行政法规，地方性法规中关于生态文明建设的规定，其他相关政策、纪律、行业内部规则中有关生态文明建设的规定等（林智钦等，2024）。

我国曾制定了《中华人民共和国森林法》《中华人民共和国环境保护法》《中华人民共和国海域使用管理法》《中华人民共和国海岛保护法》《中华人民共和国海洋环境保护法》等法律制度。党的十八大把生态文明建设纳入中国特色社会主义事业"五位一体"总体布局以来，党中央、国务院就加快推进生态文明建设作出一系列决策部署，先后印发了《中共中央 国务院关于加快推进生态文明建设的意见》和《生态文明体制改革总体方案》，从总体目标、主要原则、基本理念、重点任务、制度保障等方面对生态文明体制改革进行全面安排，为此后一系列生态文明体制改革和生态文明制度体系构建的具体举措，提供了全局性、综合性和指导性的行动指南（董战峰等，2015；常纪文，2016）。党的十八届五中全会提出，设立统一规范的国家生态文明试验区。2016 年，中共中央办公厅、国务院办公厅印发了《关于设立统一规范的国家生态文明试验区的意见》及《国家生态文明试验区（福建）实施方案》，开展国家生态文明试验区建设，将中央顶层设计与地方具体实践相结合，集中开展生态文明体制改革综合试验，规范各类试点示范，完善生态文明制度体系，推进生态文明领域国家治理体系和治理能力现代化。2018 年 3 月，十三届全国人大一次会议将"生态文明"写入宪法。为贯彻党的十九大精神，党的十九届四中全会审议通过《中共中央关于坚持和完善中国特色社会主义制度、推进国家治理体系和治理能力现代化若干重大问题的决定》，进一步明确了坚持和完善生态文明制度体系的总体要求（林智钦等，2024）。2022 年 10 月，党的二十大重申"推动绿色发展，促进人与自然和谐共生"。

此外，我国还逐步建立健全了一系列重要制度，如主体功能区战略、省以下生态环境机构监测监察执法垂直管理制度、自然资源资产产权制度、河（湖、林）长制、生态保护红线制度、生态补偿制度以及生态环境保护"党政同责"和"一岗双责"等制度。当前，虽然我国生态环境正在逐渐好转，但生态环境保护措施实施中结构性、根源性及趋势性的压力未得到根本缓解，生态文明仍处于压力叠加、负重前行的关键建设时期，深化生态文明体制改革、进一步补足生态文明建设制度体系、健全美丽中国建设保障体系已经成为当前美丽中国建设的迫切任务（杨林生等，2023）。

2.2.3 海洋生态文明建设

海洋生态文明是生态文明的重要组成部分，海洋生态文明建设亦是生态文明建设的重要环节。海洋生态文明建设的重要性不仅体现在维护地球生态系统的平衡、促进经济可持续发展和保护人类生存环境等方面，还体现在实现可持续发展目标、维护国家海洋权益和促进生态文明和社会可持续发展等方面。

海洋生态文明建设的主要目标是明确以"美丽"为核心的海洋建设目标；核心内容是强调保护海洋生态环境的重要性，推动海洋资源的可持续利用，促进海洋经济的健康发展。同时，还需要加强海洋科技创新和人才培养，提升我国在国际海洋事务中的话语权和影响力。此外，公众参与和教育也是海洋生态文明建设的重要内容之一，旨在提高公众对海洋生态环境保护的认识和参与程度。建设海洋生态文明就是建立人与海洋良性的互动机制并实现人海和谐发展。要确保海洋生态的健康发展，不仅要有良好的海洋环境，还要有健全的海洋制度，并配备多元的海洋文化（孙倩等，2017）。

海洋生态文明示范区建设是我国海洋生态文明建设的重要载体和抓手。国家海洋局就贯彻中央及国务院相关决策部署印发了《国家海洋局海洋生态文明建设实施方案（2015—2020 年）》（国海发〔2015〕8 号），提出要"新建一批海洋生态文明建设示范区"。先后批准了多批国家级海洋生态文明示范区，这些示范区在海洋生态文明建设方面发挥了重要的引领和示范作用。各地也积极推进海洋生态文明示范区建设。例如，浙江省政府办公厅印发了《海洋生态建设示范区创建实施方案》，在全省全域推进海洋生态建设示范区培育创建。该方案明确了到 2020 年，浙江沿海各县（市、区）中要涌现出一批创建先进单位，建成 10 个以上省级和国家级海洋生态建设示范区，形成各具特色的海洋生态建设发展模式。

在海洋生态文明示范区建设的过程中，优化布局、促进海洋生态与经济协调发展是一个重要方向。例如，浙江省的方案中就明确指出，要进一步提高海洋生产总值比重，提高海洋产业中的第三产业占比，形成海洋产业发展与生态环境保护相协调的良好格局。此外，海洋生态文明示范区建设还注重落实相关制度，推进海域资源市场化配置，强化海洋生态保护与建设，实施重点海域海湾生态修复计划等。这些措施有助于维护海洋生态安全，促进海洋资源的可持续利用。

2.3 海岛保护规划相关理论

海岛保护规划是以海岛开发、建设、保护与管理领域为对象的专项规划，是国民经济和社会发展规划在海岛保护领域的细化。海岛保护的核心是对海岛资源、生态环境的保护，海岛规划的核心是对海岛整体或局部空间进行功能定位并给出管控要求。

2.3.1 海洋空间规划理论

海洋空间规划的理念发展源于国际社会对建立海洋保护区规划的需要，20 世纪 70 年代为了协调用海和环境保护而设立的澳大利亚大堡礁公园，将海洋生态系统作为三维空间进行规划，并且首次将时间属性也考虑进管理范畴。关于空间规划的理论框架起初运用于土地的利用与管理，在不断的实践过程中发现，空间规划同样对海洋的利用与管理意义重大，海洋空间规划由此诞生。

海洋空间规划理论于 2006 年联合国教科文组织举行的第一届海洋空间规划研讨会上被正式提出，并提出应采用以生态系统为基础的综合性海洋空间规划，以可持续发展为目标，通过海洋空间规划实现海洋保护区建设及经济增长之间的平衡（程遥等，2019）。发展至今，海洋空间规划的理论体系日臻完善，其理论体系的主体由基于生态系统的管理、多类型的空间范畴、多样化的规划目标和跨部门的综合管理构成。

（1）基于生态系统的管理：基于生态系统的海洋空间规划强调各个生态系统的异质性特征，在进行一系列的开发活动之前，首先对海洋生态系统的结构和功能进行充分的了解，随后的开发活动也将充分尊重自然系统的发展规律，在保证其结构和功能的完整性的同时识别出特殊的生态系统并加以特殊保护。

（2）多类型的空间范畴：海洋空间规划的空间要素类型主要有三种：第一种是根据生态系统的完整性而产生的海洋生态系统分布空间；第二种是根据海域行政范围而产生的管理者实际管辖空间；第三种是根据海域规划类型而产生的利益相关者活动空间。海洋空间规划过程中，要充分考虑这三种空间要素类型，根据海域实际行政管辖范围和生态系统完整性制定科学合理的管理边界，并结合不同利益相关者的用海类型制定适宜的海洋管理原则办法。

（3）多样化的规划目标：海洋空间规划的成功编制和实施可实现人类开发活动和海洋环境和谐共处的局面，达成多样化的规划目标，包括了海洋生态系统及其所提供的关键性服务的弹性健康、经济的稳定增长、社会的公平发展等。

（4）跨部门的综合管理：海洋空间的多用途使用和多目标实现意味着沿海地区陆域和海域的不同职能部门将产生相互交织、相互制约等一系列不可避免的问题。海洋空间规划通过跨部门的综合管理，化解利益冲突和协调关系，达到多方共赢的局面。

与此同时，海洋作为领土的重要组成部分，其空间规划与陆域空间规划的整合也提上日程。2011年颁布的《2020年欧盟领土议程》中首次明确将海洋问题作为领土议程的一部分（程遥等，2019），提出将海洋空间规划纳入国家、区域和地方规划系统的组成部分。

2.3.2 基于生态系统管理的规划理论

众多的国际性及区域性的海洋生态系统评估研究都认为世界上海洋及海岸带生态系统的生物多样性在急剧衰减，并指出"海洋生物多样性的减少将加剧损害海洋生态系统的物质供给能力，抵抗灾害能力，污染物的消纳能力，水质净化能力及应对渔业过度捕捞、气候变化的能力"。过去的几十年，人类对生态系统的破坏较为严重。人类对资源环境的需求量的增长加剧了对海洋资源的开发，海洋生态系统的物质供给功能及服务功能性减弱，呼吁人类转变对海洋的管理方式，在海洋政策领域结束任务驱动式的海洋管理模式，由单个的部门性的海洋管理转变为基于生态系统的综合性管理。

当前，基于生态系统的管理方式已被广为接受，作为陆地、海岸带及海洋环境可持续发展的关键性框架，在评估生态多样性、生态系统服务性及评估实行后的潜在响应方面等发挥了积极作用。2003年，东北大西洋环境保护委员会（OSPAR）和波罗的海海洋环境保护委员会（HELCOM）曾联合发表了基于生态系统的海洋管理的概念："基于生态系统的海洋管理是一种在对生态系统及其动力性科学认知的基础上对人类活动的综合性管理，其目的是确定影响海洋生态系统的关键性因素并采取相应的管制措施，从而实现海洋生态系统物质供给和生态服务功能的可持续性，维持生态系统的完整性。"美国发布的《基于生态系统的海洋管理科学性联合声明》指出，当前解决美国海洋和海岸带生态系统遇到各种危机的办法就是采用基于生态系统的模式管理海洋，并指出基于生态系统的管理是一种考虑到包括人类在内的整个生态系统的管理方法，其目标是在保障生态系统可持续地为人类提供物质及生态服务功能的同时，维护生态系统的健康、恢复性及多样性。

2.3.3　生态承载力理论

生态承载力研究起源于生态学，是指在特定的时间、环境内，生态系统为生物生存和人类活动可持续发展所能持续支撑的最大生态服务能力。

生态承载力的大小主要由生态系统的弹性、环境承载能力和资源承载能力三个方面所决定。而海岛普遍面积较小，生物多样性指数低，这也意味着海岛生物系统链条构成要素较少，很容易造成生物链的断裂，这说明海岛生态系统的自身修复能力较差，弹性低；海岛面积小也说明了海岛相对环境系统自身的结构与功能性较差，无法承载规模性的发展及活动要素；此外，海岛较小的面积表明海岛缺乏资源的物质承载空间，自身资源量小。以上几点说明海岛面积较小是直接导致海岛生态承载力较低的重要因素之一。

生态承载力与海岛可持续发展的关系极为密切。生态承载力是海岛可持续发展能力的基础，盲目无序超出生态承载力的发展最终只会导致海岛生态系统的失衡。随着人类对资源利用强度的加大与需求量的持续增长，海岛资源也成为人类发展过程中所需资源的重要组成部分，人类在对海岛资源开发利用的同时，对海岛生态系统产生了一定的破坏。如果这种破坏长期累积下去，就会对整个海岛造成巨大影响甚至使其毁灭。因此，要实现海岛及其生态可持续发展，必须保护好生态系统，使人类活动保持在海岛生态承载能力之内。

2.3.4　其他相关理论

1）景观规划理论

景观规划理论是一门关注如何在特定区域内进行景观设计和规划的学科。它涉及对自然和人造环境的综合考虑，以创造既美观又可持续的空间。景观规划理论的核心在于通过深入理解区域特征、自然资源和人文环境，来制定和实施规划策略。强调以人为本，尊重自然，保护资源和环境的可持续性。同时，景观规划也关注于提升环境质量，改善生态系统以及展现和增强区域文化内涵。

景观规划的目标是实现人与自然的和谐共生，创造一个既美观又宜居的环境，它强调规划的整体性和系统性。景观规划理论在指导海岛保护规划时，要求我们应从整岛出发，以生态保育为优先原则，以对场地的适应性为主要原则，综合考虑各种因素，制定科学的海岛规划方案。同时，景观规划也注重规划的可操作性和可持续性，确保规划能够得到有效实施，并为未来的发展留下足够的空间。

2）生态风险评估理论

生态风险是指生态系统受到外部一切对生态系统构成威胁的要素作用的可能性，指在一定区域内，具有不确定性的事故或灾害对生态系统及其组分可能产生的作用，这些作用的结果可能导致生态系统结构和功能的损害，从而危及生态系统的安全和健康（Suter，2011）。开发利用生态风险主要关注人类活动对生态系统可能产生的负面影响及其不确定性。

开发利用生态风险评价的核心在于识别、评估和管理这些风险。它要求我们在进行自然资源开发、城市建设、工业发展等活动时，必须充分考虑对生态系统的潜在影响，并采取相应的预防措施。此外，还强调对风险进行科学的评估和管理，制定有效的风险管理策略来降低风险的发生概率和影响程度，以确保生态系统的安全和健康。开展海岛保护规划时，应针对海岛存在的自然和人为干扰等问题，尽量减小开发活动对海岛的负干扰，或设计相应的应对措施，以维护海岛生态系统的安全和可持续发展。

参考文献

常纪文，2016. 生态文明体制全面改革的"四然"问题[J]. 中国环境管理，8（1）：23-29.

程遥，李渊文，赵民，2019. 陆海统筹视角下的海洋空间规划：欧盟的经验与启示[J]. 城市规划学刊，5：59-67.

崔旺来，钟海玥，2017. 海洋资源管理[M]. 北京：中国海洋大学出版社.

董战峰，李红祥，葛察忠，等，2015 生态文明体制改革宏观思路及框架分析[J]. 环境保护，43（19）：15-19.

李婧，黄璐，严力蛟，2016. 中国"三大经济模式"的可持续发展——以真实发展指标对 6 个典型城市的可持续性评估为例[J]. 应用生态学报，27（6）：1785-1794.

李咏梅，周钰，罗洁云，2013. 克拉玛依可持续发展指标体系构建及其评估[J]. 区域经济，11：114-116.

廖福霖，2001. 生态文明建设理论与实践[M]. 北京：中国林业出版社.

廖海玲，廖迎春，王玉花，等，2016. 鄱阳湖生态区生态经济系统可持续发展评估 [J]. 南昌工程学院学报，35（3）：39-42.

林智钦，林宏赡，2024. 坚持和完善生态文明制度体系研究：基于"两山"理念、生态优先、价值转化的视角[J]. 中国软科学：259-277.

罗烨，贾铁飞，2011. 浙江沿海岛屿旅游可持续发展评价研究-以嵊泗列岛为例[J]. 上海师范大学学报（自然科学版），40(3)：318-325.

毛彬，2018. 基于产业视角的舟山市岱山县海洋经济发展策略研究[D]. 浙江海洋大学.

苗湃林，尹卫霞，曹祎，2024. 中国式生态文明现代化建设：内涵意蕴、基本特征、逻辑主线及实施路向[J]. 理论与当代：10-14.

世界环境与发展委员会，1997. 我们共同的未来[M]. 王之佳，柯金良，译. 长春：吉林人民出版社.

孙倩，于大涛，鞠茂伟，等，2017. 海洋生态文明绩效评价指标体系构建[J]. 海洋开发与管理，7：3-8.

孙新章，2012. 联合国可持续发展行动的回顾与展望[J]. 中国人口 资源与环境，22(4)：1-6.

孙元敏，朱嘉，黄海萍，2015. 湄洲岛旅游可持续发展的生态足迹分析研究[J]. 生态科学，31(6)：124-129.

王丽君，张庆明，何鹏，2019. 浅论环境保护与可持续发展[J]. 绿色环保建材，10：242.

王柳柱，2020. 基于三元结构的典型海岛可持续发展研究[D]. 南京大学.

王梓屹，2018. 舟山市海洋渔业可持续发展研究[D]. 浙江海洋大学.

夏光，2014. 建立系统完整的生态文明制度体系——关于中国共产党十八届三中全会加强生态文明建设的思考[J]. 环境与可持续发展，39(2)：9-11.

杨林生，郭亚南，朱会义，等，2023. 中国生态文明制度体系建设进展与走向[J]. 中国科学院院刊：1793-1803.

张超，蒋金龙，余兴光，等，2015. 我国海岛旅游环境承载力研究述评[J]. 海洋开发与管理，6：10-15.

张振峰，2016. 我国生态文明制度建设研究[D]. 郑州：河南农业大学.

BUSH M J, 2018. Climate Change Adaptation in Small Island Developing States [M]. USA, John Wiley & Sons Ltd.

HARANGOZO G, CSUTORA M, KOCSIS T, 2018. How big is big enough? Toward a sustainable future by examining alternatives to the conventional economic growth paradigm [J]. Sustainable Development, 26：172-181.

NTONA M, MORGERA E, 2018. Connecting SDG 14 with the other sustainable development goals through marine spatial planning [J]. Marine Policy, 93：214-222.

OSBERG L, 2002. An index of economic well-being for selected OECD countries [J]. Review of Income and Wealth, 48(3)：291-316.

OSBERG L, 2005. How should we measure the "economic" aspects of well-being? [J]. Review of Income and Wealth, 51(2)：311-336.

OSBERG L, SHARPE A, 2011. Moving from a GDP-based to a well-being-based metric of economic performance and social progress：Results from the index of economic well-being for OECD countries,

1980-2009 ［C］. Paper presented to the International Statistical Institute Conference，August. 21-26，Dublin，Ireland.

SUTER G W，2011. 生态风险评价(第二版)［M］. 尹大强，林志芬，刘树深，等译. 北京：高等教育出版社.

UNEP，2019. Frontiers 18/19 emerging issues of environmental concern ［R］.

WONG P P，2011. Small island developing states ［J］. WIREs Climate Change，2 (1)：1-6.

第3章　和美海岛评价指标体系

和美海岛创建示范工作的重要任务就是建立和美海岛创建示范考评指标体系和工作机制，定期开展评选和跟踪评估。和美海岛评价指标紧紧围绕"生态美、生活美、生产美"的和美海岛内涵，设置了包括生态保护修复、资源节约集约利用、人居环境改善、绿色低碳发展、特色经济发展、文化建设和制度建设七个方面的36项指标。

3.1　生态保护修复

3.1.1　植被覆盖率

1）指标设置背景及意义

植被覆盖率通常是指森林面积占土地总面积之比，一般用百分数表示，是反映地表植被覆盖情况的重要参数，在植被变化、生态环境研究、水土保持、城市宜居等方面问题研究中起到重要作用。植被覆盖率能够直观地反映一个地区绿化水平，是表征植被生长状态的重要指标。

目前已经发展了很多利用遥感测量植被覆盖率的方法，较为实用的方法是利用植被指数近似估算植被覆盖率，常用的植被指数为归一化差值植被指数（$NDVI$）。$NDVI$是最常用的表征研究区域的植被生理状况的参数，其通过测量近红外（植被强烈反射）和红光（植被吸收）之间的差异来量化植被。可利用$NDVI$评价海岛植被覆盖情况。

$NDVI$的计算公式如下：

$$NDVI = (NIR - R)/(NIR + R)$$

式中，NIR为近红外波段的反射率；R为红光波段的反射率。

植被覆盖率指标直接关系到海岛生态环境的健康，它不仅能够体现海岛森林资源的丰富程度，还是衡量生态平衡状况的重要指标。另一方面植被覆盖率的提升有助于改善海岛气候条件，有助于减少水土流失、增加土壤肥力，从而对海岛水文循环产生影响，减缓洪涝灾害的发生。

2）指标含义与评分标准

在和美海岛建设评估中，植被覆盖率指标指植被覆盖面积占海岛总面积的比例，用以反映海岛的生态保护和植被保护现状。植被覆盖率的提升不仅可以帮助评估和管理自然资源，还能为政策制定提供科学依据。

具体的评分标准如下（表3-1）：

植被覆盖率≥60%，得4分；

50%≤植被覆盖率<60%，得3分；

40%≤植被覆盖率<50%，得2分；

30%≤植被覆盖率<40%，得1分；

植被覆盖率<30%，不得分。

表3-1　植被覆盖率指标含义及计算方法

一级指标	二级指标	指标释义	计算方法	分值
生态保护修复	植被覆盖率	植被覆盖面积占海岛面积的比例。反映植被保护现况	植被覆盖率=植被覆盖面积/海岛总面积×100%。 植被覆盖率≥60%，得4分； 50%≤植被覆盖率<60%，得3分； 40%≤植被覆盖率<50%，得2分； 30%≤植被覆盖率<40%，得1分； 植被覆盖率<30%，不得分	4

3.1.2　自然岸线保有率

1）指标设置背景及意义

海岸线是海洋与陆地的分界线，具有重要的生态功能和资源价值，是发展海洋经济的前沿阵地。然而，随着沿海地区经济社会快速发展，海岸线和近岸海域开发强度不断加大，保护与开发的矛盾日益凸显。同时，海岸线管理法律法规体系不健全，海岸线缺少统筹规划，多头管理，海岸线管控手段和措施不足，也导致了资源破坏和不合理利用等问题。海岸线人工化趋势过快，我国部分自然海岸线受损严重，海岸线的修复与整治亟待进行。

自然岸线具有较高的科研和生态保护价值。自然岸线保有率反映了海岛岸线的自然程度和保护水平，直接关系到海岛沿岸生态环境的保护和可持续发展。自然岸线保有率高意味着自然岸线受到较少的人为干扰，海岸生态系统相对完整，生物多样性丰富，能够提供更多的生态服务功能。而自然岸线保有率低则说明海岸地区面临着较大的人类活动压力，生态环境受到破坏，可能会导致生物多样性的丧失和生态系统功能的衰退。因此，通过控制自然岸线保有率有利于强化海岛岸线保护、利用和管理，防止海岛岸线的无序破坏和开发利用。

2）指标含义与评分标准

在和美海岛建设评估中，自然岸线保有率指标指海岛自然岸线（含整治修复、自然恢复后具有自然海岸形态特征和生态功能的海岸线)占海岛岸线总长度的比例。

具体的评分标准如下(表 3-2):

自然岸线保有率=自然岸线长度/海岛岸线总长度×100%。

保有率≥70%,得 4 分;

60%≤保有率<70%,得 3 分;

50%≤保有率<60%,得 2 分;

35%≤保有率<50%,得 1 分;

保有率<35%,不得分。

表 3-2　自然岸线保有率指标含义及计算方法

一级指标	二级指标	指标释义	计算方法	分值
生态保护修复	自然岸线保有率	海岛自然岸线(含整治修复、自然恢复后具有自然海岸形态特征和生态功能的海岸线)占海岛岸线总长度的比例。反映自然岸线保护情况	自然岸线保有率=自然岸线长度/海岛岸线总长度×100%。 保有率≥70%,得 4 分; 60%≤保有率<70%,得 3 分; 50%≤保有率<60%,得 2 分; 35%≤保有率<50%,得 1 分; 保有率<35%,不得分	4

3.1.3　岸线退让距离

1)指标设置背景及意义

海岸退缩线的概念最早于 20 世纪 60 年代后期在美国提出,现在普遍定义为毗连海岸的陆地建筑物向陆一侧至海岸线距离的限定线。在海岸线区域开发中划定海岸退缩线,能有效避免风暴潮、海岸侵蚀、海平面上升等自然灾害影响,保障沿海社会经济的持续发展。在一定程度上,海岸退缩线还能起到生态廊道的功能。

根据我国海岸带的实际情况,目前采取不同方法来确定海岸退缩线的距离及管理对策。如《广东省海岸带综合保护与利用总体规划》规定:"海岸线向陆地延伸最少100~200 m 范围内,不得新建、扩建、改建建筑物等,确需建设的,应控制建筑物高度、密度,保持通山面海视廊通畅,高度不得高于待保护主体。"《海南省海岸带生态保护战略研究》提出,海岸带旅游开发建设需严守 200 m"退缩线",严格保护海防林、自然保护区以及重要的湿地等生态关键区,保护原始自然风貌。总体上,我国关于海岸建筑退缩线的划定和管理还处于起步阶段,范围如何划定、与相关规划怎样融合等处于摸索阶段。考虑到海岸建筑退缩线既要强化刚性约束,也要保证一定的弹性空间以保障相关产业向海发展。

岸线退让距离为海岛海岸地区开发建设提供规划控制依据，岸线退让距离的实施有助于保护沿海地区的生态环境，维护生态平衡，提高生态系统服务功能。另外，合理的退让距离可以降低风暴潮、海啸等自然灾害对海岛沿岸地区建筑和人员的威胁，提高防灾减灾能力。因此，岸线退让距离制度是保护海岛沿岸地区生态环境、防御自然灾害、促进社会经济可持续发展的重要手段。

2）指标含义与评分标准

在和美海岛建设评估中，岸线退让距离指标指岛陆永久建筑物与海岛岸线之间的距离。反映对海岛岸线资源保护的重视程度。

具体的评分标准如下（表3-3）：

近三年来，海岛岸线向陆100 m（含100 m）范围内无新建永久性建筑物的，得1分。

表3-3　岸线退让距离指标含义及计算方法

一级指标	二级指标	指标释义	计算方法	分值
生态保护修复	岸线退让距离	岛陆永久建筑物与海岛岸线之间的距离。反映对海岛岸线资源保护的重视程度	近三年来，海岛岸线向陆100 m（含100 m）范围内无新建永久性建筑物的，得1分	1

3.1.4　野生动植物保护效果

1）指标设置背景及意义

党的十八大以来，我国不断加强野生动植物保护，取得明显成效。目前，全国濒危珍稀野生动植物种群总体稳中有升，65%的高等植物群落、74%的重点保护野生植物物种得到有效保护，大熊猫、海南长臂猿、穿山甲、绿孔雀、朱鹮及苏铁、木兰科植物等300余种珍稀濒危野生动植物种群得到恢复性增长。在我国野外曾一度消失的普氏野马、麋鹿等极度濒危野生动物和华盖木、德保苏铁等极小种群野生植物重新建立了野外种群，生存区域不断扩大。

海岛因其独特的地理位置和生态环境，孕育了众多珍稀的野生动植物。海岛野生动植物是海岛生态系统的重要组成部分，生物多样性丰富的海岛能够提供更全面的生态服务功能，生物多样性是维持生态平衡的重要因素之一。野生动植物作为生态系统的一部分，它们之间的相互作用和依赖关系，可以帮助维持生态平衡。如果一个物种灭绝了，生态系统中的其他生物就可能失去重要的食物来源或栖息地，这可能导致更多的生物物种消失。保护好海岛上的野生动植物种群，意味着维护了海岛上的物种多样性，这对于保持海岛生态系统健康、稳定至关重要；海岛野生动植物同样是海岛旅游资源的重要组成部分，良好的野生动植物保护状况可以提升海岛的生态旅游价值，吸引游客开展生态观光、科普教育活动。保护海岛野生动植物，有助于提升海岛旅游的品质和吸引力，促进海岛旅游业的可持续发展。

2）指标含义与评分标准

在和美海岛建设评估中，野生动植物保护效果指标指通过开展本底调查，保护海岛上的野生动植物；海岛上已查明的应保护的国家一、二级野生动植物物种数保护比例。反映重点保护物种受保护程度和野生动植物保护效果。

具体的评分标准如下（表 3-4）：

国家重点保护野生动植物保护率 = 受保护的国家一、二级野生动植物物种数/应保护的国家一、二级野生动植物物种数×100%。

国家重点保护野生动植物保护率≥80%，得 1 分；

开展海岛野生动植物资源本底调查等相关工作的，得 2 分；满分 3 分。

其他情形不得分。

表 3-4　野生动植物保护效果指标含义及计算方法

一级指标	二级指标	指标释义	计算方法	分值
生态保护修复	野生动植物保护效果	通过开展本底调查，保护海岛上的野生动植物；海岛上已查明的应保护的国家一、二级野生动植物物种数保护比例。反映重点保护物种受保护程度和野生动植物保护效果	国家重点保护野生动植物保护率 = 受保护的国家一、二级野生动植物物种数/应保护的国家一、二级野生动植物物种数×100%。 国家重点保护野生动植物保护率≥80%，得 1 分； 开展海岛野生动植物资源本底调查等相关工作的，得 2 分；满分 3 分。 其他情形不得分	3

3.1.5　生态保护红线划定及保护措施

1）指标设置背景及意义

生态保护红线是我国环境保护的重要制度创新。生态保护红线是指在自然生态服务功能、环境质量安全、自然资源利用等方面，需要实行严格保护的空间边界与管理限值，以维护国家和区域生态安全及经济社会可持续发展，保障人民群众健康。只有划定生态保护红线，按照生态系统完整性原则和主体功能区定位，优化国土空间开发格局，理顺保护与发展的关系，改善和提高生态系统服务功能，才能构建结构完整、功能稳定的生态安全格局，从而维护国家生态安全。

生态保护红线是生态空间范围内具有特殊重要生态功能、必须强制性严格保护的区域。对于生态保护红线，《关于在国土空间规划中统筹划定落实三条控制线的指导意见》明确要求按照生态功能进行划定。优先将具有重要水源涵养、生物多样性维护、水土保持、防风固沙、海岸防护等功能的生态功能极重要区域以及生态极敏感脆弱的水土流失、沙漠化、石漠化、海岸侵蚀等区域划入生态保护红线。其他经评估目前虽然不能确定但具有潜在重要生态价值的区域也划入生态保护红线。

海岛上划定生态保护红线有助于维护海岛生态安全，优化海岛空间开发格局，理顺保护与发展的关系，改善和提高生态系统服务功能。同时划定生态保护红线有助于促进海岛上各类资源集约节约利用，对于增强海岛经济社会可持续发展能力具有极为重要的意义。

2）指标含义与评分标准

在和美海岛建设评估中，生态保护红线划定及保护措施指标指海岛上纳入生态保护红线（含自然保护地）面积占海岛面积的比例或保护措施。反映海岛生态安全保障情况。

具体的评分标准如下（表3-5）：

纳入生态保护红线面积比例＝海岛上纳入生态红线保护的面积/海岛总面积×100%。

面积比例≥30%，得2分；

10%≤面积比例<30%，得1分；

其他情形不得分。

表3-5 生态保护红线划定及保护措施指标含义及计算方法

一级指标	二级指标	指标释义	计算方法	分值
生态保护修复	生态保护红线划定及保护措施	海岛上纳入生态保护红线（含自然保护地）面积占海岛面积的比例或保护措施。反映海岛生态安全保障情况	纳入生态保护红线面积比例＝海岛上纳入生态红线保护的面积/海岛总面积×100%。面积比例≥30%，得2分；10%≤面积比例<30%，得1分；其他情形不得分	2

3.1.6 开展生态保护修复情况

1）指标设置背景及意义

海岛生态修复应以维持受损岛陆系统的生态平衡过程，恢复海岛周边潮间带区域的生物多样性为原则，遵循海岛岛陆区域、海岛潮间带和周边海域的协同修复，促进海岛整体区域环境的恢复。《中华人民共和国海岛保护法》第二十一条规定：国家安排海岛保护专项资金，用于海岛的保护、生态修复和科学研究活动；《全国海岛保护规划》还将海岛生态修复专题研究列入十大工程之一，其中明确提出通过对我国海区内生态受损重要海岛进行修复与恢复研究，提出适宜我国海岛生态修复的具体方法。开展海岛生态修复既是全面贯彻落实《中华人民共和国海岛保护法》的迫切需要，也是落实国家海岛保护与利用政策的需要。对于改善海岛生态环境和海岛居民生产生活条件，提升海岛开发利用价值，维护国家海洋权益等具有重要意义。

海岛整治修复对于海岛维护生态平衡、保护生物多样性起到了重要的作用，同时能够为海岛居民提供一个环境优美、生态良好的生存空间。海岛环境改善也有利于招商引资，提高海岛的开发利用价值，进一步发展海岛经济。

2）指标含义与评分标准

在和美海岛建设评估中，开展生态保护修复情况指标指海岛岛体、植被、岸线、沙滩、周边海域及典型生态系统等生态保护修复情况。反映海岛生态保护修复效果。

具体的评分标准如下（表 3-6）：

近五年，有岛体、植被、岸线、沙滩、周边海域及典型生态系统修复以及公众亲海空间打造等项目被列入县级及以上的重点工作任务清单且完成项目当前节点绩效目标要求的，或取得省级及以上的资金支持且完成项目当前节点绩效目标要求的，符合情形一项得 1 分，最高 2 分。

采取了外来物种入侵防控等生态保护修复措施，且效果较好的，得 1 分。满分 3 分。

表 3-6　开展生态保护修复情况指标含义及计算方法

一级指标	二级指标	指标释义	计算方法	分值
生态保护修复	开展生态保护修复情况	海岛岛体、植被、岸线、沙滩、周边海域及典型生态系统等生态保护修复情况。反映海岛生态保护修复效果	近五年，有岛体、植被、岸线、沙滩、周边海域及典型生态系统修复以及公众亲海空间打造等项目被列入县级及以上的重点工作任务清单且完成项目当前节点绩效目标要求的，或取得省级及以上的资金支持且完成项目当前节点绩效目标要求的，符合情形一项得 1 分，最高 2 分。 采取了外来物种入侵防控等生态保护修复措施，且效果较好的，得 1 分。 满分 3 分	3

3.1.7　开展监视监测情况

1）指标设置背景及意义

《中华人民共和国海岛保护法》第十五条规定：国家建立海岛管理信息系统，开展海岛自然资源的调查评估，对海岛的保护与利用等状况实施监视、监测。海岛监视监测是《中华人民共和国海岛保护法》确定的一项重要制度，是依法获取海岛及其周边海域生态环境状况的基础性工作，是建设海洋生态文明的重要手段，是维护国家海洋权益的重要抓手，是促进海岛地区经济社会可持续发展的重要支撑。因此，建立常态化海岛监视监测体系，对于掌握我国海岛及其周边海域生态系统的基本情况、变化趋势和潜在危险，提升海岛综合管控能力具有重要意义。

《中华人民共和国海岛保护法》实施以来，依托全国海域海岛地名普查等工作，基本建成了海岛监视监测基础数据库，为海岛监视监测体系建设打下了良好基础。但是，当前部分地区存在海岛监视监测工作相对滞后、设施不够健全等问题，与法律赋予的职责和海岛保护规划的要求还不相适应，海岛监视监测体系亟待完善。因此，加快推进海岛监视监测工作，对于掌握海岛开发利用及其周边海域生态系统的基本情况、变化趋势和潜在危险，提升海岛综合管控能力具有重要意义，是促进海岛合理开发和可持续利用的重要支撑。

2）指标含义与评分标准

在和美海岛建设评估中，开展监视监测情况指标指对海岛岸线、水质、土壤、植被覆盖及开发利用活动等开展监视监测情况。反映对海岛资源的监测力度。

具体的评分标准如下（表3-7）：

每年开展过四种及以上覆盖整岛监视监测活动的，得4分；

每年开展过三种及以上覆盖整岛监视监测活动的，得3分；

每年开展过两种及以上覆盖整岛监视监测活动的，得2分；

每年开展过一种覆盖整岛监视监测活动的，得1分；

其他情形不得分。

表3-7　开展监视监测情况指标含义及计算方法

一级指标	二级指标	指标释义	计算方法	分值
生态保护修复	开展监视监测情况	对海岛岸线、水质、土壤、植被覆盖及开发利用活动等开展监视监测情况。反映对海岛资源的监测力度	每年开展过四种及以上覆盖整岛监视监测活动的，得4分； 每年开展过三种及以上覆盖整岛监视监测活动的，得3分； 每年开展过两种及以上覆盖整岛监视监测活动的，得2分； 每年开展过一种覆盖整岛监视监测活动的，得1分； 其他情形不得分	4

3.2　资源节约集约利用

3.2.1　岛陆开发程度

1）指标设置背景及意义

开发强度指的是一个区域建设空间占该区域总面积的比例，包括城镇建设、独立工矿、农村居民点、交通、水利设施以及其他建设用地等空间。在一般情况下，土地开发强度越高，土地利用经济效益就越高，地价也相应提高；反之，如果土地开发强度不足，亦即土地利用不充分，或因土地用途确定不当而导致开发强度不足，都会减弱土地的使用价值，降低地价水平。

海岛通常生态环境更为脆弱，生态容量更低，控制开发强度指标是确保海岛可持续发展的重要手段。岛陆开发程度反映了海岛开发利用的程度和范围，有助于评估海岛资源的合理利用和保护状况。岛陆开发程度高意味着海岛开发利用强度大，人类活动占比高，预示着海岛面临着较大的环境压力和生态风险。因此，该指标可以评估海岛开发活动是否超出了海岛能够承载的范围，是对海岛开发活动的一种约束和引导。通过控制岛陆开发程度旨在实现海岛资源的合理利用和有效保护，促进海岛的可持续发展。

2）指标含义与评分标准

在和美海岛建设评估中，岛陆开发程度指标指岛陆建筑物、构筑物及硬化道路等开发利用活动的面积占海岛面积的比例。反映海岛开发利用程度。

具体的评分标准如下（表 3-8）：

岛陆开发程度 = 岛陆开发面积/海岛总面积×100%。

开发程度≤20%，得 3 分；

20%<开发程度≤30%，得 2 分；

30%<开发程度≤40%，得 1 分；

开发程度>40%，不得分。

表 3-8　岛陆开发程度指标含义及计算方法

一级指标	二级指标	指标释义	计算方法	分值
资源节约集约利用	岛陆开发程度	岛陆建筑物、构筑物及硬化道路等开发利用活动的面积占海岛面积的比例。反映海岛开发利用程度	岛陆开发程度 = 岛陆开发面积/海岛总面积×100%。 开发程度≤20%，得 3 分； 20%<开发程度≤30%，得 2 分； 30%<开发程度≤40%，得 1 分； 开发程度>40%，不得分	3

3.2.2 海岛利用效率

1）指标设置背景及意义

土地产出率是指归一化处理之后的单位土地上的平均年产值，是反映土地利用效率的一个重要指标，是 GDP 与土地面积之比，反映单位面积的产出情况。土地是有限的资源，在土地资源管理中提高土地利用效率是非常重要的。土地利用效率高意味着单位面积的土地产出更高，能够满足更多的生产需求，同时减少土地浪费，提高土地的可持续利用性。土地利用效率的提高还可以促进城市建设与经济发展的协同发展，提高土地资源的综合利用效能。

海岛利用效率能够准确反映海岛土地资源的利用效果，展示海岛资源的利用现状和问题。从而可以评估海岛经济发展与资源保护之间的平衡关系，为海岛管理提供数据支持。海岛一般资源有限，提高资源利用效率，增加经济产出，提高经济效益，才能实现可持续发展目标。提高海岛利用效率不仅有助于提升海岛开发利用的经济效益，还有助于推动海岛资源的可持续发展和保护。海岛利用效率反映的现实情况还可以帮助政府和相关部门制定更合理的海岛开发利用策略，促进海岛经济的健康发展。

2）指标含义与评分标准

在和美海岛建设评估中，海岛利用效率指标指海岛经济产出与岛陆开发面积比值的增长情况。反映海岛开发利用经济效益和效率提升情况。

具体的评分标准如下（表3-9）：

表3-9 海岛利用率指标含义及计算方法

一级指标	二级指标	指标释义	计算方法	分值
资源节约集约利用	海岛利用效率	海岛经济产出与岛陆开发面积比值的增长情况。反映海岛开发利用经济效益和效率提升情况	海岛利用效率增长率=(申报前一年海岛地区企业税收收入/申报前一年岛陆开发面积-前两年海岛地区企业税收收入/前两年岛陆开发面积)/(前两年海岛地区所有企业税收收入/前两年岛陆开发面积)×100%。 增长率≥5%，得2分； 0%<增长率<5%，得1分； 其他情形不得分	2

海岛利用效率增长率=(申报前一年海岛地区企业税收收入/申报前一年岛陆开发面积-前两年海岛地区企业税收收入/前两年岛陆开发面积)/(前两年海岛地区所有企业

税收收入/前两年岛陆开发面积)×100%。

增长率≥5%，得 2 分；

0%<增长率<5%，得 1 分；

其他情形不得分。

3. 2. 3　资源产出增加率

1) 指标设置背景及意义

资源产出率是一个综合性的指标，它反映了经济活动使用自然资源的效率。具体来说，资源产出率可以理解为主要资源单位消耗量所产出的经济总量，这个经济总量通常是指 GDP。资源产出率的内涵是经济活动消费资源的效率，它能够间接反映经济增长和环境压力的关系，并可以用来衡量可持续发展水平。资源产出率的计算通常涉及主要资源的总量，包括能源资源(如煤炭、石油、天然气)和矿产资源(如铁矿、铜矿、铝土矿、铅矿、锌矿、镍矿、锰矿、石灰石、磷矿、硫铁矿)等。资源产出率是评价循环经济发展水平的综合性指标，也是反映资源节约型、环境友好型社会建设的重要指标。

资源产出率是衡量海岛资源利用效率的一个重要工具，可以了解到海岛地区经济增长是否依赖于资源的过度消耗以及资源是否得到了有效利用。资源产出率的提高可直接说明海岛资源利用效率的提高和污染排放的相应减少，提高资源产出效率是在同等资源消耗的情况下，尽可能多地产生效益。

2) 指标含义与评分标准

在和美海岛建设评估中，资源产出增加率指标指消耗单位能源所形成税收增长情况，各种能源折标准煤参考系数按照《综合能耗计算通则》(GB/T 2589—2008) 执行。反映能源消费与经济发展间的关系，体现地区资源利用效率提高情况。

具体的评分标准如下(表 3-10)：

资源产出增长率=申报前一年海岛地区企业税收收入/申报前一年海岛能源消耗总量－前两年海岛地区企业税收收入/前两年海岛能源消耗总量)/(前两年海岛地区企业税收收入/前两年海岛能源消耗总量)×100%。

增长率≥3%，得 2 分；

0%≤增长率<3%，得 1 分；

增长率<0%，不得分。

表3-10　资源产出增加率指标含义及计算方法

一级指标	二级指标	指标释义	计算方法	分值
资源节约集约利用	资源产出增加率	消耗单位能源所形成税收增长情况，各种能源折标准煤参考系数按照《综合能耗计算通则》（GB/T 2589—2008）执行。反映能源消费与经济发展间的关系，体现地区资源利用效率提高情况	资源产出增长率＝申报前一年海岛地区企业税收收入/申报前一年海岛能源消耗总量－前两年海岛地区企业税收收入/前两年海岛能源消耗总量)/(前两年海岛地区企业税收收入/前两年海岛能源消耗总量)×100%。 增长率≥3%，得2分； 0%≤增长率<3%，得1分； 增长率<0%，不得分	2

3.2.4　资源节约利用

1）指标设置背景及意义

资源是一个涉及经济、社会、政治等多领域的概念，有广义和狭义之分。广义的资源包括自然资源、经济资源、人力资源、社会资源等各种资源；狭义资源仅指自然资源，因为自然资源是生产资料或生活资料的天然来源，是人类赖以生存和发展的物质基础、能量基础和生存基础。人类的需要是无限的，而自然资源却是稀缺的。一段时间以来，我国部分地区采用以追求高速度、高增长、高消耗为特征的粗放型经济发展模式，虽然在短期内带来了一定的经济效益，但也产生了一系列不利的后果：一方面，导致非再生资源呈绝对减少趋势，可再生资源也表现出明显的衰弱态势，生态平衡遭到不同程度的破坏，这些现实已经严重制约了社会经济的发展和人们生活水平的提高；另一方面，在利用自然资源时只考虑了经济效益，导致资源利用率很低，环境破坏严重。为了改变这种状况，促进资源的可持续利用，我们必须重新认识资源，要以一种全面的、系统的、可持续的观点来考虑资源的利用效率，即在利用资源时要考虑经济效益、社会效益、生态效益，使它们三者相互协调，使资源产生最大的综合效益。

资源节约利用指标是衡量海岛可持续发展水平的重要标准。海岛资源的节约利用直接关系到海岛经济、社会和环境的协调发展。通过合理规划和利用海水淡化、中水回用等资源，可以减少对外部资源的依赖，提高海岛自给自足的能力，从而确保海岛的可持续发展。通过海水淡化技术，可以将海水转化为淡水，满足海岛居民的日常生活和工业生产需求；而中水回用技术则可以将废水经过处理后再次利用，减少废水的排放，降低对海洋环境的污染。这些技术的应用不仅提高了资源的利用效率，还有助于保护海岛生态环境，维护生态平衡。

2）指标含义与评分标准

在和美海岛建设评估中，资源节约利用指标指海岛海水淡化、中水回用等资源节约利用工作开展情况。反映资源节约循环利用情况。

具体的评分标准如下（表 3-11）：

近五年，有新建海水淡化、中水回用或海水综合利用等设施并正常运行的，得 2 分；

其他情形不得分。

表 3-11　资源节约利用指标含义及计算方法

一级指标	二级指标	指标释义	计算方法	分值
资源节约集约利用	资源节约利用	海岛海水淡化、中水回用等资源节约利用工作开展情况。反映资源节约循环利用情况	近五年，有新建海水淡化、中水回用或海水综合利用等设施并正常运行的，得 2 分；其他情形不得分	2

3.3　人居环境改善

3.3.1　空气质量优良天数比例

1) 指标设置背景及意义

空气质量（air quality）的好坏反映了空气污染程度，它是依据空气中污染物浓度的高低来判断的。空气污染是一个复杂的现象，在特定时间和地点空气污染物浓度受到许多因素影响。随着工业及交通运输业的不断发展，大量的有害物质被排放到空气中，改变了空气的正常组成，使空气质量变坏。当我们生活在受到污染的空气之中健康就会受到影响。为了改善环境空气质量，防止生态破坏，创造清洁适宜的环境，保护人体健康，我国根据《中华人民共和国环境保护法》和《中华人民共和国大气污染防治法》制定了《环境空气质量标准》（GB 3095—1996）。这个标准规定了环境空气质量功能区划分、标准分级、主要污染物项目和这些污染物在各个级别下的浓度限值等，是评价空气质量好坏的科学依据。它将有关地区按功能划分为三种类型的区域：一类区为自然保护区、林区、风景名胜区和其他需要特殊保护的地区；二类区为城镇规划中确定的居住区、商业交通居民混合区、文化区、一般工业区和农村地区；三类区为特定工业区。

海岛的空气质量优良天数比例是反映海岛环境质量的关键指标之一，它能够直接反映海岛在一定时间内的空气质量状况，可以客观地评价海岛空气质量的优劣，为海岛的环境保护和可持续发展提供科学依据。而且，空气质量的好坏与海岛居民的生活质量和健康水平密切相关。优良的空气质量意味着海岛空气中的污染物浓度较低，有助于提高海岛居民的生活质量和健康水平。

2）指标含义与评分标准

在和美海岛建设评估中，空气质量优良天数比例指标指空气质量达到或优于《环境空气质量标准》（GB 3095—2012）和《环境空气质量指数（AQI）技术规定（试行）》（HJ 633—2012）二级标准的天数占全年有效监测天数的比例。反映海岛空气质量水平。

具体的评分标准如下（表3-12）：

优良天数比例=空气质量达到或优于二级标准的天数/全年有效监测天数×100%。

优良天数比例≥90%，得3分；

85%≤优良天数比例<90%，得2分；

80%≤优良天数比例<85%，得1分；

优良天数比例<80%，不得分。

表3-12　空气质量优良天数比例指标含义及计算方法

一级指标	二级指标	指标释义	计算方法	分值
人居环境改善	空气质量优良天数比例	空气质量达到或优于《环境空气质量标准》（GB 3095—2012）和《环境空气质量指数（AQI）技术规定（试行）》（HJ 633—2012）二级标准的天数占全年有效监测天数的比例。反映海岛空气质量水平	优良天数比例=空气质量达到或优于二级标准的天数/全年有效监测天数×100%。优良天数比例≥90%，得3分；85%≤优良天数比例<90%，得2分；80%≤优良天数比例<85%，得1分；优良天数比例<80%，不得分	3

3.3.2　地表水水质达标率

1）指标设置背景及意义

地表水是指陆地表面上动态水和静态水的总称，亦称"陆地水"，包括各种液态的和固态的水体，主要有河流、湖泊、沼泽、冰川、冰盖等。它是人类生活用水的重要来源之一，也是各国水资源的主要组成部分。

地表水是人们日常生活和工业生产中重要的水源之一。良好的地表水水质能够确保饮用水的安全，减少因水质问题导致的健康问题。同时地表水水质对水生生物和生态系统有着重要影响。优质的水质能够维持水生生物的生存和繁衍，促进生态系统的稳定和健康发展。地表水资源的合理利用和保护对地方经济发展也具有重要意义。良好的水质能够为工业、农业等产业提供稳定可靠的水源，推动相关产业的发展。

如果地表水受到严重的污染和破坏，直接威胁到人类的生存和发展。而且地表水的质量还关系到海岛众多动植物的栖息地环境，它的质量直接关系到海岛生态系统的平衡和稳定。因此，地表水水质达标率的提高有助于提供海岛居民的日常生活安全和身体健康，维护海岛的生态环境，促进旅游业和其他可持续发展产业的繁荣，从而带动海岛经济的健康发展。

2）指标含义与评分标准

在和美海岛建设评估中，地表水水质达标率指标指地表水水质达到或优于《地表水环境质量标准》（GB 3838—2002）中Ⅲ类标准的比例。反映地表水水质情况。

根据《地表水环境质量标准》（GB 3838—2002）的规定，依据地表水水域环境功能和保护目标，按功能高低依次划分为五类：

Ⅰ类　主要适用于源头水、国家自然保护区；

Ⅱ类　主要适用于集中式生活饮用水地表水源地一级保护区、珍稀水生生物栖息地、鱼虾类产卵场、仔稚幼鱼的索饵场等；

Ⅲ类　主要适用于集中式生活饮用水地表水源地二级保护区、鱼虾类越冬场、洄游通道、水产养殖区等渔业水域及游泳区；

Ⅳ类　主要适用于一般工业用水区及人体非直接接触的娱乐用水区；

Ⅴ类　主要适用于农业用水区及一般景观要求水域。

对应地表水上述五类水域功能，将地表水环境质量标准基本项目标准值分为五类，不同功能类别分别执行相应类别的标准值。水域功能类别高的标准值严于水域功能类别低的标准值。同一水域兼有多类使用功能的，执行最高功能类别对应的标准值。实现水域功能与达标功能类别标准为同一含义。

具体的评分标准如下（表3-13）：

地表水水质达标率＝国控、省控等监测点位水质达到或优于Ⅲ类标准的数量/监测点总数×100%。

达标率≥80%，得1分；

达标率<80%或无地表水，不得分。

表3-13　地表水水质达标率指标含义及计算方法

一级指标	二级指标	指标释义	计算方法	分值
人居环境改善	地表水水质达标率	地表水水质达到或优于《地表水环境质量标准》（GB 3838—2002）中Ⅲ类标准的比例。反映地表水水质情况	地表水水质达标率＝国控、省控等监测点位水质达到或优于Ⅲ类标准的数量/监测点总数×100%。 达标率≥80%，得1分； 达标率<80%或无地表水，不得分	1

3.3.3 饮用水安全覆盖率

1）指标设置背景及意义

安全饮用水指的是一个人终身饮用，也不会对健康产生明显危害的饮用水。如果水中含有害物质，这些物质可能在洗澡、漱口时通过皮肤接触、呼吸吸收等方式进入人体，从而对人体健康产生影响。根据我国现行的《生活饮用水卫生标准》（GB 5749—2022），安全饮用水应满足以下条件：不含有任何病原微生物；所含化学物质和放射性物质不会对人体健康造成危害；感官品质应优良，且需经过有效的消毒处理。同时，生活饮用水的水质指标及其消毒剂的残留量也需满足相应的规定标准。

饮用水安全覆盖率反映了海岛居民饮用水的安全状况，是评价海岛地区饮用水安全状况的重要指标。饮用水安全是维护公众健康的基础。安全的饮用水可以预防水源性疾病的传播，减少健康风险，提高海岛居民的整体健康水平。而且海岛地区的经济发展往往依赖于旅游业等产业，饮用水安全覆盖率的提高有助于吸引更多游客前来旅游观光，促进海岛旅游业的发展。还有助于减少因水资源问题引发的社会矛盾和冲突，增强海岛社会的稳定性。因此，提高海岛饮用水安全覆盖将保障海岛居民基本生活需求、维护居民身体健康，使海岛的生态条件得到了进一步的改善，为海岛的可持续、健康发展提供保障。

2）指标含义与评分标准

在和美海岛建设评估中，饮用水安全覆盖率指标指获得水质符合国家《生活饮用水卫生标准》（GB 5749—2006）规定的饮用水人数占人口总数的比例。反映居民饮用水安全水平。

具体的评分标准如下（表3-14）：

饮用水安全覆盖率=取得合格饮用水人数/人口总数×100%。

覆盖率为100%，得3分；

90%≤覆盖率<100%，得2分；

80%≤覆盖率<90%，得1分；

覆盖率<80%，不得分。

表 3-14　饮用水安全覆盖率指标含义及计算方法

一级指标	二级指标	指标释义	计算方法	分值
人居环境改善	饮用水安全覆盖率	获得水质符合国家《生活饮用水卫生标准》(GB 5749—2006)规定的饮用水人数占人口总数的比例。反映居民饮用水安全水平	饮用水安全覆盖率=取得合格饮用水人数/人口总数×100%。 覆盖率为100%，得3分； 90%≤覆盖率<100%，得2分； 80%≤覆盖率<90%，得1分； 覆盖率<80%，不得分	3

3.3.4　污水处理率

1)指标设置背景及意义

随着城市化和工业化的快速发展，城市人口增加，污水排放量也在不断增加。污染的水会对人体健康造成很大的危害，可能导致水源污染、传染病暴发等不良后果。同时，污水对环境的影响也很严重，会影响水质，破坏水生态系统，导致水资源的消耗和污染，破坏生态平衡，影响生物多样性。因此，污水处理的重要性越发凸显。污水处理是指为使污水达到排入某一水体或再次使用的水质要求对其进行净化的过程。污水处理被广泛应用于建筑、农业、交通、能源、石化、环保、城市景观、医疗、餐饮等各个领域，也越来越多地走进寻常百姓的日常生活。

污水处理率是指经过处理的生活污水、工业废水量占污水排放总量的比重，其计算公式为：污水处理率=污水处理量/污水排放总量×100%。提高污水处理率对于环境保护和水资源管理具有重要意义。将有助于显著降低水中的污染物质含量，从而改善水质。这对于维持水体的生态平衡和人类健康至关重要。未经处理的污水直接排放到自然水体中会导致环境污染，破坏生态系统。通过提高污水处理率，可以减少这种负面影响，保护我们的环境和自然资源。

海岛一般淡水资源比较匮乏，污水治理压力也日益沉重。因此，为推动海岛经济发展，提高海岛污水处理能力显得十分紧要。海岛污水处理率指标的提高可以改善海岛生态环境，有助于减少污染物的排放，维护生态平衡，提升海岛居民的生活质量，还可以为海岛旅游等产业发展提供良好的环境基础，促进经济的可持续发展。

2)指标含义与评分标准

在和美海岛建设评估中，污水处理率指标指经过污水处理厂或其他处理设施处理达标的水量(GB 18918 一级 A 标准)占污水排放总量的比例。反映海岛污水处理情况。

依据《城镇污水处理厂污染物排放标准》（GB 18918—2002），根据城镇污水处理厂排入地表水域环境功能和保护目标以及污水处理厂的处理工艺，将基本控制项目的常规污染物标准值分为一级标准、二级标准、三级标准。一级标准分为 A 标准和 B 标准。一类重金属污染物和选择控制项目不分级。

一级标准的 A 标准是城镇污水处理厂出水作为回用水的基本要求。当污水处理厂出水引入稀释能力较小的河湖作为城镇景观用水和一般回用水等用途时，执行一级标准的 A 标准。

具体的评分标准如下（表3-15）：

污水处理率=经过污水处理厂或其他处理设施处理的达标量/污水排放总量×100%。

城镇污水集中处理率≥85%或农村污水处理率≥80%，得3分；

75%≤城镇污水集中处理率<85%或70%≤农村污水处理率<80%，得2分；

65%≤城镇污水集中处理率<75%或60%≤农村污水处理率<70%，得1分；

城镇污水集中处理率<75%或农村污水处理率<60%，不得分；

城镇、农村均有的海岛，得分采取就低原则。

表3-15　污水处理率指标含义及计算方法

一级指标	二级指标	指标释义	计算方法	分值
人居环境改善	污水处理率	经过污水处理厂或其他处理设施处理达标的水量（GB 18918 一级 A 标准）占污水排放总量的比例。反映海岛污水处理情况	污水处理率=经过污水处理厂或其他处理设施处理的达标量/污水排放总量×100%。 城镇污水集中处理率≥85%或农村污水处理率≥80%，得3分； 75%≤城镇污水集中处理率<85%或70%≤农村污水处理率<80%，得2分； 65%≤城镇污水集中处理率<75%或60%≤农村污水处理率<70%，得1分； 城镇污水集中处理率<75%或农村污水处理率<60%，不得分； 城镇、农村均有的海岛，得分采取就低原则	3

3.3.5　周边海域水质优良率

1）指标设置背景及意义

海水作为海洋生态系统的载体，在海洋生态建设中发挥着至关重要的作用。海水在维护生态健康、物种安全、食品安全方面的重要意义日益凸显，对海水利用、沿海旅游业、海洋渔业等海洋产业健康发展起到重要支撑作用。提升海水水质对于保护海洋生态环境、保障海洋渔业资源、促进海洋旅游业发展、维护人类健康有重要意义。为贯彻《中华人民共和国环境保护法》和《中华人民共和国海洋环境保护法》，防止和控制海水污染，保护海洋生物资源和其他海洋资源，维护海洋生态平衡，保障人体健康，我国制定了《海水水质标准》（GB 3097—1997）。我国海洋管理部门也在统筹推进海洋生态环境保护工作，包括坚持重点攻坚和协同治理相结合，把入海河流总氮治理、入海排污口排查整治等作为重点海域综合治理攻坚战的重中之重；以海湾为基本单元，在全国其他沿海城市协同推进陆海统筹的污染防治。2023 年我国海洋生态环境继续保持改善趋势，近岸海域水质优良面积比例为 85.0%。全国国控河流入海断面总氮平均浓度同比下降 12.2%，近岸海域水质优良比例达到 85.0%，同比增长 3.1 个百分点，实现自 2018 年以来的"六连增"。全国 283 个海湾中有 126 个海湾水质与前三年均值相比得到改善。渤海、长江口-杭州湾、珠江口及临近海域三大重点海域水质优良比例年均值为 67.5%，同比上升 4.5 个百分点。

海岛周边海域水质是海岛生态环境质量的一个重要指标。优良的水质意味着海岛周边海域的海洋生态系统得到了较好的保护，生物多样性得以维持，同时也为海岛居民提供了良好的生活和休闲环境，也是推动海岛地区经济社会可持续发展的重要保障。通过对这一指标的监测和评估，可以及时发现和解决海岛生态环境问题，促进海岛地区的绿色发展。

2）指标含义与评分标准

在和美海岛建设评估中，周边海域水质优良率指标指海岛周边 2 km 范围内的海域水质达到《海水水质标准》（GB 3097—1997）各类等级的情况。反映海岛周边海水质量。

《海水水质标准》（GB 3097—1997）规定，按照海域的不同使用功能和保护目标，海水水质分为四类：

第一类适用于海洋渔业水域，海上自然保护区和珍稀濒危海洋生物保护区。

第二类适用于水产养殖区，海水浴场，人体直接接触海水的海上运动或娱乐区以及与人类食用直接有关的工业用水区。

第三类适用于一般工业用水区，滨海风景旅游区。

第四类适用于海洋港口水域，海洋开发作业区。

具体的评分标准如下（表 3-16）：

周边海域水质达到一类海水水质的，得 3 分；

周边海域水质达到二类海水水质的，得 2 分；

周边海域水质达到三类海水水质的，得 1 分；

周边海域水质未达到各级海洋生态环境保护管控要求的，不得申报。

表 3-16　周边海域水质优良率指标含义及计算方法

一级指标	二级指标	指标释义	计算方法	分值
人居环境改善	周边海域水质优良率	海岛周边 2 km 范围内的海域水质达到《海水水质标准》（GB 3097—1997）各类等级的情况。反映海岛周边海水质量	周边海域水质达到一类海水水质的，得 3 分；周边海域水质达到二类海水水质的，得 2 分；周边海域水质达到三类海水水质的，得 1 分；周边海域水质未达到各级海洋生态环境保护管控要求的，不得申报	3

3.3.6　生活垃圾分类处理率

1）指标设置背景及意义

垃圾分类是指按一定规定或标准将垃圾分类投放、收集、运输和处理，从而转变成公共资源的一系列活动的总称。垃圾分类的目的是提高垃圾的资源价值和经济价值，减少垃圾处理量和处理设备的使用，降低处理成本，减少土地资源的消耗，具有社会、经济、生态等几方面的效益。

垃圾分类可以有效减少垃圾量，降低垃圾处理对环境的污染。垃圾填埋和垃圾堆放等垃圾处理方式会占用土地资源，且填埋场都属于不可复用场所。通过垃圾分类，可以去除可回收的、不易降解的物质，从而减少垃圾数量，节省更多的土地资源。垃圾分类可以将可回收利用的垃圾重新利用，节约资源。这些可回收利用的垃圾可以用来制造新的产品，减少对自然资源的消耗。同时，垃圾分类还可以促进循环经济的发展，实现资源的永续利用。循环经济是指在生产、流通、消费过程中，通过减少资源消耗、提高资源利用率，减少废物排放，实现资源的永续利用。我国《"十四五"城镇生活垃圾分类和处理设施发展规划》提出，到 2025 年底，全国城市生活垃圾资源化利用率达到 60% 左右，生活垃圾分类收运能力达到 $70×10^4$ t/d 左右，基本满足地级及以上城市生活垃圾分类收集、分类转运、分类处理需求，并鼓励有条件的县城推进生活垃圾分类和处理设施建设。全国城镇生活垃圾焚烧处理能力达到 $80×10^4$ t/d 左右，城市生活垃圾焚烧处理能力占比 65% 左右。

海岛与陆地环境不同，整体自然生态环境较为脆弱，生活垃圾如果不能得到妥善处理，必将对海岛周边海域环境造成严重破坏。因此，海岛因地制宜处理垃圾，最切实有效的方法就是通过垃圾分类实现垃圾减量。垃圾分类可以减少对环境的污染，还可以减少垃圾的占地面积，同时可以将回收的垃圾进行二次利用。减少垃圾产量之后不仅可以美化城市环境，而且还能对某些有价值的垃圾进行回收，能够减少资源的浪费，还可以减少二氧化碳的排放量。因此海岛生活垃圾分类处理率指标不仅反映了海岛环境保护和资源利用的水平，也是衡量海岛可持续发展能力的重要指标之一。

2）指标含义与评分标准

在和美海岛建设评估中，生活垃圾分类处理率指标指依据《生活垃圾分类标志》（GB/T 19095—2019）、《国家生活垃圾填埋污染控制标准》（GB 16889—2008）、《生活垃圾焚烧污染控制标准》（GB 18485—2014）等标准，实施垃圾分类且无害化处理的垃圾数量占垃圾产生总量的比例。反映海岛垃圾无害化处理情况。

具体的评分标准如下（表 3-17）：

分类普及率（2 分）：

生活垃圾分类普及率 = 开展生活垃圾分类的人数／人口总数 × 100%。

普及率 ≥ 90%，得 2 分；

70% ≤ 普及率 < 90%，得 1 分；

普及率 < 70%，不得分。

无害化处理率（2 分）：

无害化处理率 = 生活垃圾无害化处理量／生活垃圾产生量 × 100%。

处理率 ≥ 90%，得 2 分；

70% ≤ 处理率 < 90%，得 1 分；

处理率 < 70%，不得分。

表 3-17　生活垃圾分类处理率指标含义及计算方法

一级指标	二级指标	指标释义	计算方法	分值
人居环境改善	生活垃圾分类处理率	依据《生活垃圾分类标志》（GB/T 19095—2019）、《国家生活垃圾填埋污染控制标准》（GB 16889—2008）、《生活垃圾焚烧污染控制标准》（GB 18485—2014）等标准，实施垃圾分类且无害化处理的垃圾数量占垃圾产生总量的比例。反映海岛垃圾无害化处理情况	分类普及率（2 分）： 生活垃圾分类普及率 = 开展生活垃圾分类的人数／人口总数 × 100%。 普及率 ≥ 90%，得 2 分； 70% ≤ 普及率 < 90%，得 1 分； 普及率 < 70%，不得分。 无害化处理率（2 分）： 无害化处理率 = 生活垃圾无害化处理量／生活垃圾产生量 × 100%。 处理率 ≥ 90%，得 2 分； 70% ≤ 处理率 < 90%，得 1 分； 处理率 < 70%，不得分	4

3.3.7 电力通信保障

1）指标设置背景及意义

电力基础设施作为能源供应的中枢，直接影响到工业生产、居民生活以及服务业等多个领域。高效的发电、输电和配电网络能够确保稳定的电力供应，支持各类经济活动顺利进行。在信息化时代，通信技术的发展水平直接关系到信息的快速传递与处理能力，是实现经济数字化转型的关键。电力与通信系统的协同发展能够促进资源的有效配置，加速信息流动，提升服务质量和生产效率，进而推动经济向更高质量、更可持续的方向发展。因此，加大对电力和通信基础设施的投资与升级，是各国政府推动经济发展策略中的重要内容。

海岛供电和通信基础设施建设对于确保海岛地区的电力供应和通信服务至关重要，供电设施的建设能够解决海岛的电力短缺问题，通信设施的建设则能够改善海岛的通信服务。这些基础设施的建设是海岛地区产业经济发展的基础，还能改善海岛环境质量和人民生活质量，优化投资与发展环境，振兴海岛经济。

2）指标含义与评分标准

在和美海岛建设评估中，电力通信保障指标指海岛供电和通信保障能力，包括无限时供电、通信信号覆盖的总体情况。反映海岛供电、通信基础设施的完备程度。

具体的评分标准如下（表3-18）：

实现24小时无限时供电的，得2分；

4G及以上通信信号覆盖全岛的，得1分。

表3-18　电力通信保障指标含义及计算方法

一级指标	二级指标	指标释义	计算方法	分值
人居环境改善	电力通信保障	海岛供电和通信保障能力，包括无限时供电、通信信号覆盖的总体情况。反映海岛供电、通信基础设施的完备程度	实现24小时无限时供电的，得2分；4G及以上通信信号覆盖全岛的，得1分	3

3.3.8 交通保障

1）指标设置背景及意义

交通条件的改善是现代经济发展的重要支撑。随着全球化的趋势，交通成为连接不同地区的重要纽带，对于经济的发展和社会的进步起着至关重要的作用。因此，改善交通条件是促进经济发展的必然选择。改善交通条件有助于提升物流效率，带动基础设施建设等相关产业的发展，创造大量就业机会。畅通的交通网络可以使得偏远地区的旅游资源得到开发和利用，带动当地的旅游业发展，增加当地居民收入。通过改善交通条件，可以加强不同地区之间的联系和互通，拉近地区间的距离，促进资源的有效配置和优势互补。这有利于推动区域间的经济协调发展，实现资源的优化配置和产业的良性互动。

改善海岛地区交通条件，对海岛的发展意义重大，将使海岛交通基础设施适应海岛经济社会发展需要，交通基础设施的完善将极大地改善海岛居民的生产、生活及出行条件，增进陆岛间经济和人员往来，而且将促进海岛开放开发、产业结构升级和经济发展。

2）指标含义与评分标准

在和美海岛建设评估中，交通保障指标指海岛内部及对外交通条件，内部交通主要是内部居民交通通达性；外部交通主要是进出海岛的便利程度。反映海岛交通保障水平。

具体的评分标准如下（表 3-19）：

内部交通条件（1 分）：有居民海岛内各主要街道、自然村均有硬化道路通达的，得 1 分；无居民海岛上主要开发利用区域均有硬化道路通达的，得 1 分。

对外交通条件（2 分）：有公路、铁路、定期航班直达或有日均 4 次及以上固定客运或邮轮直达的，得 2 分；日均 4 次以下客运或邮轮或有其他非固定通行方式的，得 1 分。

表 3-19　交通保障指标含义及计算方法

一级指标	二级指标	指标释义	计算方法	分值
人居环境改善	交通保障	海岛内部及对外交通条件，内部交通主要是内部居民交通通达性；外部交通主要是进出海岛的便利程度。反映海岛交通保障水平	内部交通条件（1 分）：有居民海岛内各主要街道、自然村均有硬化道路通达的，得 1 分；无居民海岛上主要开发利用区域均有硬化道路通达的，得 1 分。 对外交通条件（2 分）：有公路、铁路、定期航班直达或有日均 4 次及以上固定客运或邮轮直达的，得 2 分；日均 4 次以下客运或邮轮或有其他非固定通行方式的，得 1 分	3

3.3.9　防灾减灾能力建设

1）指标设置背景及意义

我国是一个多海岛国家，在 $300×10^4 \ km^2$ 管辖海域内，岛屿星罗棋布。海岛所处的位置环境恶劣，资源贫乏，气象灾害、地质灾害等自然灾害频繁发生，其中主要以台风灾害及其引发的大风、暴雨、风暴潮和地质滑坡等灾害最为严重。据统计我国的台风平均每年有 7 个左右，而且影响中国沿海的台风灾害具有发生频率高、影响范围广、突发性强、群发性显著和成灾强度大等特点。目前台风及其引发的次生灾害对海岛的破坏极为严重，随着全球气候变暖，海平面上升，这种负面影响会越来越大。

海岛由于其地理位置的特殊性，往往面临多种自然灾害的威胁，如台风、海啸、风暴潮等。提高防灾减灾能力，意味着在灾害发生前能够更准确地预测和预警，及时采取防范措施，降低灾害对人民生命财产的威胁。而且海岛经济往往依赖于渔业、旅游业等产业，这些产业都容易受到自然灾害的影响。提高防灾减灾能力，可以保障这些产业的稳定发展，促进海岛经济的可持续发展。还可以减少自然灾害对海岛生态环境的破坏，保护海岛生态环境的稳定性和多样性，促进海岛地区经济发展和社会稳定。

2）指标含义与评分标准

在和美海岛建设评估中，防灾减灾能力建设指标指海岛在防灾减灾基础能力建设、应急措施制度建设和宣传教育活动等方面的情况。反映海岛防灾减灾能力。

具体的评分标准如下（表 3-20）：

建立有防灾减灾管理机构和管理制度并实际运行的，得 1 分；

有专项资金投入的，得 1 分；

每年开展防灾减灾宣传教育活动的，得 1 分。

表 3-20　防灾减灾能力建设指标含义及计算方法

一级指标	二级指标	指标释义	计算方法	分值
人居环境改善	防灾减灾能力建设	海岛在防灾减灾基础能力建设、应急措施制度建设和宣传教育活动等方面的情况。反映海岛防灾减灾能力	建立有防灾减灾管理机构和管理制度并实际运行的，得 1 分； 有专项资金投入的，得 1 分； 每年开展防灾减灾宣传教育活动的，得 1 分	3

3.4　低碳绿色发展

3.4.1　新建绿色建筑比例

1）指标设置背景及意义

绿色建筑是指在全寿命期内，节约资源，保护环境，减少污染，为人们提供健康、适用、高效的使用空间，最大限度地实现人与自然和谐共生的高质量建筑。绿色建筑的探索和研究始于 20 世纪 60 年代，由于环境问题引发而来，影响广泛，美籍意大利建筑师保罗把"生态学"（ecology）和"建筑学"（architecture）两词合并为"Arology"，提出了著名的"生态建筑"理念。"生态建筑"强调使用本土材料，尽量避免装置近代能源及电气化设备。自 1990 年英国制定世界上第一个绿色建筑评价体系 BREEAM 后，很多国家及地区相继推出各自的绿色建筑评价体系，并大力推动绿色建筑的发展。

海岛上发展绿色建筑可以降低建筑能耗，进而促进碳排放强度的降低，有利于实现减排降碳目标。其次，在海岛上可以利用绿色建筑技术，实现建筑遮阳、屋顶绿化、隔热设计和复合通风，自然降低气温，也可将雨水和生活用水收集起来循环利用，用于景观用水、清洁用水等。推广绿色建筑还能够带动相关绿色产业发展，促进海岛经济的多元化。

2）指标含义与评分标准

在和美海岛建设评估中，新建绿色建筑比例指标指达到《绿色建筑评价标准》（GB/T 50378-2019）并获得有关部门认证的新建绿色建筑面积占新建建筑总面积的比例。反映绿色建筑推广普及情况。

具体的评分标准如下（表 3-21）：

新建绿色建筑比例=新建绿色建筑面积/新建建筑总面积×100%。

近三年，无新建建筑或新建绿色建筑比例≥75%，得 2 分；

50%≤新建绿色建筑比例<75%，得 1 分；

其他情形不得分。

表 3-21　新建绿色建筑比例指标含义及计算方法

一级指标	二级指标	指标释义	计算方法	分值
低碳绿色发展	新建绿色建筑比例	达到《绿色建筑评价标准》（GB/T 50378—2019）并获得有关部门认证的新建绿色建筑面积占新建建筑总面积的比例。反映绿色建筑推广普及情况	新建绿色建筑比例=新建绿色建筑面积/新建建筑总面积×100%。 近三年，无新建建筑或新建绿色建筑比例≥75%，得 2 分； 50%≤新建绿色建筑比例<75%，得 1 分； 其他情形不得分	2

3.4.2　新能源公共交通比例

1）指标设置背景及意义

新能源汽车是指采用非常规的车用燃料作为动力来源（或使用常规的车用燃料、采用新型车载动力装置），综合车辆的动力控制和驱动方面的先进技术，形成的技术原理先进、具有新技术、新结构的汽车。新能源汽车包括纯电动汽车、增程式电动汽车、混合动力汽车、燃料电池电动汽车、氢发动机汽车等。新能源技术的不断发展和智能化、网联化等趋势的推动，将为城市公共交通带来新的发展机遇。中国城市公共交通正在向智能化、绿色化方向发展，新能源公共交通市场规模持续扩大，新能源公交车辆数量不断增加，覆盖范围也在逐步扩大。

海岛上推行新能源公共交通工具可以改善海岛的生态环境，促进节能减排，并且为海岛居民、游客提供低碳环保的出行方式，有利于减少燃油汽车上路行驶，对打造海岛绿色交通体系，加强海岛生态环境保护具有重要的意义。

2）指标含义与评分标准

在和美海岛建设评估中，新能源公共交通比例指标指新能源公共交通工具占全部公共交通工具的比例。新能源公共交通包括纯电动、插电式混合动力、燃料电池动力等公共交通工具。反映绿色交通推广情况。

具体的评分标准如下（表3-22）：

新能源公共交通比例=新能源公共交通工具数量/公共交通工具总数×100%。

比例≥60%，得2分；

0%<比例<60%，得1分；

其他情形不得分。

表3-22　新能源公共交通比例指标含义及计算方法

一级指标	二级指标	指标释义	计算方法	分值
低碳绿色发展	新能源公共交通比例	新能源公共交通工具占全部公共交通工具的比例。新能源公共交通包括纯电动、插电式混合动力、燃料电池动力等公共交通工具。反映绿色交通推广情况	新能源公共交通比例=新能源公共交通工具数量/公共交通工具总数×100%。比例≥60%，得2分；0%<比例<60%，得1分；其他情形不得分	2

3.4.3　清洁能源普及率

1）指标设置背景及意义

能源就是向自然界提供能量转化的物质（矿物质能源，核物理能源，大气环流能源，地理性能源）。能源是人类活动的物质基础，从某种意义讲，人类社会的发展离不开优质能源的出现和先进能源技术的使用。在当今世界，能源的发展，能源和环境，是全世界、全人类共同关心的问题，也是中国社会经济发展的重要问题。清洁能源，即绿色能源，是指不排放污染物、能够直接用于生产生活的能源，它包括核能和可再生能源。可再生能源是指原材料可以再生的能源，如水力发电、风力发电、太阳能、生物能（沼气）、地热能（包括地源和水源）、海潮能等这些能源。可再生能源不存在能源耗竭的可能，因此可再生能源的开发利用，日益受到许多国家的重视，尤其是能源短缺的国家。

发展清洁能源具有重要的意义，清洁能源在生产和消费过程中几乎不产生污染物，这有助于减少温室气体排放，缓解全球气候变暖的压力，保护大气、水体和土壤等自然环境。而且清洁能源的利用可以提高能源利用效率，减少能源浪费，降低生产成本。同时，清洁能源产业的发展也可以创造更多的就业机会，促进经济增长。清洁能源的发展也符合可持续发展的理念，有助于实现经济、社会和环境的协调发展，为人类社会的未来发展奠定坚实的基础。

由于海岛地区与大陆相隔较远，传统能源的运输和供应过程容易受到天气、海洋条件等因素的限制，供应不稳定。而清洁能源的应用能够在海岛上进行本地化的能源生产，大幅提高能源供应的可靠性，满足海岛能源供应需求。清洁能源不会产生温室气体和有害物质的排放，可有效减少对环境的污染，维护海岛地区的生态平衡。海岛地区发展清洁能源，还能吸引投资，增加地方财政收入，进一步推动经济的可持续发展。

2）指标含义与评分标准

在和美海岛建设评估中，清洁能源普及率指标指太阳能、风能、生物能、天然气、清洁油、海洋能等清洁能源的消耗量占能耗总量的比例。反映清洁能源在海岛的应用情况。

具体的评分标准如下（表 3-23）：

清洁能源普及率=海岛消耗清洁能源总量/海岛消耗能源总量×100%。

普及率≥60%，得 3 分；

40%≤普及率<60%，得 2 分；

0%<普及率<40%，得 1 分；

其他情形不得分。

表 3-23　清洁能源普及率指标含义及计算方法

一级指标	二级指标	指标释义	计算方法	分值
低碳绿色发展	清洁能源普及率	太阳能、风能、生物能、天然气、清洁油、海洋能等清洁能源的消耗量占能耗总量的比例。反映清洁能源在海岛的应用情况	清洁能源普及率=海岛消耗清洁能源总量/海岛消耗能源总量×100%。 普及率≥60%，得 3 分； 40%≤普及率<60%，得 2 分； 0%<普及率<40%，得 1 分； 其他情形不得分	3

3.4.4 蓝碳探索与实践情况

1）指标设置背景及意义

蓝碳是利用海洋活动及海洋生物吸收大气中的二氧化碳，并将其固定、储存在海洋中的过程、活动和机制。海洋储存了地球上约93%的二氧化碳，是地球上最大的碳汇体，并且每年清除30%以上排放到大气中的二氧化碳。因此，发展蓝碳是应对气候变化的重要途径，有利于分担和缓解碳排放压力，是"减排"之外的另一条可行路径。蓝碳生态系统如红树林、海草床、盐沼等，不仅具有高效的碳捕获和储存能力，还提供了丰富的生物多样性，维护了海洋生态系统的健康和稳定。发展蓝碳将促进这些生态系统的保护和恢复，有利于保护海洋生态环境，提升海洋生态养护水平。

海岛发展蓝碳有助于准确了解海岛蓝碳生态系统的碳储量情况。通过系统的调查和监测，可以掌握红树林、盐沼、海草床等生态系统的碳吸收和储存能力，进而为制定科学合理的碳汇管理策略提供数据支撑。可以积极保护和恢复这些生态系统的碳汇功能，推动海岛地区的碳汇监测和管理工作。通过加强蓝碳生态系统的碳储量调查和碳汇监测，可以推动海岛地区实现绿色低碳发展，为应对全球气候变化和推动可持续发展做出积极贡献。

2）指标含义与评分标准

在和美海岛建设评估中，蓝碳探索与实践情况指标指开展红树林、盐沼、海草床等蓝碳生态系统碳储量调查、碳汇监测及固碳增汇工作情况。反映海岛地区对碳达峰、碳中和的探索和实践。

具体的评分标准如下（表3-24）：

蓝碳生态系统面积增加率=（评选年红树林、盐沼、海草床等蓝碳生态系统面积-前五年红树林、盐沼、海草床等蓝碳生态系统面积）/前五年红树林、盐沼、海草床等蓝碳生态系统面积×100%。

面积增加率≥5%，得2分；

0%<面积增加率<5%，得1分；

开展有海岛碳储量调查、碳汇监测、蓝碳技术相关研究的，得1分。

有蓝碳交易的，得1分。满分3分。

表 3-24　蓝碳探索与实践情况指标含义及计算方法

一级指标	二级指标	指标释义	计算方法	分值
低碳绿色发展	蓝碳探索与实践情况	开展红树林、盐沼、海草床等蓝碳生态系统碳储量调查、碳汇监测及固碳增汇工作情况。反映海岛地区对碳达峰、碳中和的探索和实践	蓝碳生态系统面积增加率=(评选年红树林、盐沼、海草床等蓝碳生态系统面积−前五年红树林、盐沼、海草床等蓝碳生态系统面积)/前五年红树林、盐沼、海草床等蓝碳生态系统面积×100%。面积增加率≥5%，得 2 分；0%<面积增加率<5%，得 1 分；开展有海岛碳储量调查、碳汇监测、蓝碳技术相关研究的，得 1 分。有蓝碳交易的，得 1 分。满分 3 分	3

3.5　特色经济发展

3.5.1　人均可支配收入

1) 指标设置背景及意义

人均可支配收入，指个人收入扣除向政府缴纳的个人所得税、遗产税和赠与税、不动产税、人头税、汽车使用税以及交给政府的非商业性费用等以后的余额。既包括现金收入，也包括实物收入。按照收入的来源，可支配收入包含四项，分别为：工资性收入、经营性净收入、财产性净收入和转移性净收入。

人均可支配收入的意义在于它可以反映居民的收入水平和生活水平，是制定政策和规划的重要依据。政府可以根据人均可支配收入的变化情况来制定更加符合实际情况的财政政策和货币政策，更好地满足居民的消费需求和投资需求。同时，人均可支配收入也可以反映一个地区或国家的经济发展水平和居民的生活质量，是制定经济发展战略和规划的重要参考依据。此外，人均可支配收入的变化情况还可以反映出一个地区或国家的经济发展趋势和社会问题。如果人均可支配收入持续增长，说明居民的生活水平在提高，经济发展势头良好；如果人均可支配收入出现下降或增长缓慢，则说明经济发展出现放缓或停滞，政府需要采取措施促进经济发展和提高居民的生活水平。

海岛统计人均可支配收入可以反映出海岛的经济发展水平和居民的生活水平，对地方政府的决策制定至关重要，对于推动海岛可持续发展具有重要意义。

2) 指标含义与评分标准

在和美海岛建设评估中，人均可支配收入指标指人均可用于自由支配的收入。反映海岛收入水平。

具体的评分标准如下（表 3-25）：

人均可支配收入增长率=（评选年海岛地区人均可支配收入−前一年海岛地区人均可支配收入）/前一年海岛地区人均可支配收入×100%。

增长率≥5%，得 3 分；

0<增长率<5%，得 2 分；

其他情形不得分。

表 3-25 人均可支配收入指标含义及计算方法

一级指标	二级指标	指标释义	计算方法	分值
特色经济发展	人均可支配收入	人均可用于自由支配的收入。反映海岛收入水平	人均可支配收入增长率=（评选年海岛地区人均可支配收入−前一年海岛地区人均可支配收入）/前一年海岛地区人均可支配收入×100%。 增长率≥5%，得 3 分； 0<增长率<5%，得 2 分； 其他情形不得分	3

3.5.2 生态旅游

1) 指标设置背景及意义

生态旅游是由世界自然保护联盟（IUCN）于 1983 年首先提出的。1993 年国际生态旅游协会把其定义为：具有保护自然环境和维护人民生活双重责任的旅游活动。生态旅游是以可持续发展为理念，以保护生态环境为前提，以统筹人与自然和谐发展为准则，并依托良好的自然生态环境和独特的人文生态系统，采取生态友好方式，开展的生态体验、生态教育、生态认知并获得心身愉悦的旅游方式，是将生态环境保护与公众教育同促进地方经济社会发展有机结合的旅游活动。

生态旅游的目标就是维持旅游资源利用的可持续性，保护旅游目的地的生物多样性，给旅游地生态环境的保护提供资金，增加旅游地居民的经济获益和增强旅游地社区居民的生态保护意识。为了更好地实现这一目标，生态旅游应该鼓励当地居民积极参与，以促进地方经济的发展，提高当地居民的生活质量，唯有经济发展之后才能真正切实地重视和保护自然；同时，生态旅游还应该强调对旅游者的环境教育，生态旅游的经营管理者也更应该重视和保护自然，认识自然基本规律内涵。

海岛发展生态旅游可以充分发挥海岛资源的综合效益，促进海洋产业和旅游产业的发展，提高当地居民的生活质量和幸福感。科学合理的海岛旅游开发有利于保护海岛生态，可以让游客亲身体验和感受海岛独特的自然景观和人文环境，增加对海洋文化的认识和了解。此外，海岛旅游还可以促进传统文化的传承和弘扬，保护自然环境和文化遗产。推动当地文化的创新和发展。生态旅游能够使得海岛旅游业与生态环境的和谐共生，促进海岛可持续发展。

2）指标含义与评分标准

在和美海岛建设评估中，生态旅游指标指采取生态友好方式，开展生态体验、生态教育、生态认知并获得身心愉悦的旅游活动。反映旅游发展中践行生态文明理念的情况。

具体的评分标准如下（表3-26）：

旅游资源禀赋（3分）：具有5A级景区的，得3分；具有4A级景区的，得2分；具有A—3A级景区的，得1分；非A级景区但具有可供社会公众进行亲海活动的沙滩、景观的，得1分。

生态旅游与环境教育（1分）：通过树立环保标示牌、现场环保宣讲解说等将环境教育融入旅游发展，开展生态环境保护宣传、科普的，得1分。

表 3-26　生态旅游指标含义及计算方法

一级指标	二级指标	指标释义	计算方法	分值
特色经济发展	生态旅游	采取生态友好方式，开展生态体验、生态教育、生态认知并获得身心愉悦的旅游活动。反映旅游发展中践行生态文明理念的情况	旅游资源禀赋(3分)：具有5A级景区的，得3分；具有4A级景区的，得2分；具有A—3A级景区的，得1分；非A级景区但具有可供社会公众进行亲海活动的沙滩、景观的，得1分。生态旅游与环境教育(1分)：通过树立环保标示牌、现场环保宣讲解说等将环境教育融入旅游发展，开展生态环境保护宣传、科普的，得1分	4

3.5.3　农渔业等特色产业

1）指标设置背景及意义

农渔业等特色产业的发展体现了国家对可持续发展和绿色增长模式的重视，两者都是以生态保护和资源高效利用为核心理念的农业生产方式。

生态农业和生态渔业等特色产业采用自然友好的生产方式，减少化学肥料、农药和渔药的使用，降低了对环境的污染，有助于保护和改善生态环境，维护生态平衡。

这两种生产模式强调资源的循环利用和高效管理，旨在以最少的资源投入获得最大的产出，实现经济、社会和生态三个层面的可持续发展，确保了农业和渔业资源的长期可用性。

海岛资源有限，特别是土地和淡水资源，发展生态农渔业可提高资源利用效率，减少化学投入品，实现资源的再生和持续利用。而且特色产业如生态农业和生态渔业，能够为海岛经济带来新的增长点，增加产品附加值，提升市场竞争力。生态产品因品质高、环保健康而受到消费者青睐，有利于开拓高端市场，增加农民和渔民收入。海岛发展生态农渔业是建设资源节约型、环境友好型渔业的有效途径，是发展海岛循环经济的重要组成部分，有利于保护海岛生态环境，促进海岛经济社会发展。

2) 指标含义与评分标准

在和美海岛建设评估中，农渔业等特色产业指标指发展有生态农渔业等特色产业的情况。反映地方生态农渔业发展水平。

具体的评分标准如下（表3-27）：

获得省级及以上有关部门认证的无公害产品、绿色食品、有机农产品标示或取得农产品地理标志认证的，每有一项，得1分。满分2分。

表 3-27　农渔业等特色产业指标含义及计算方法

一级指标	二级指标	指标释义	计算方法	分值
特色经济发展	农渔业等特色产业	发展有生态农渔业等特色产业的情况。反映地方生态农渔业发展水平	获得省级及以上有关部门认证的无公害产品、绿色食品、有机农产品标示或取得农产品地理标志认证的，每有一项，得1分。满分2分	2

3.5.4　海岛特色发展模式探索与创新

1) 指标设置背景及意义

新发展理念，即创新、协调、绿色、开放、共享的发展理念。创新发展注重的是解决发展动力问题，协调发展注重的是解决发展不平衡问题，绿色发展注重的是解决人与自然和谐问题，开放发展注重的是解决发展内外联动问题，共享发展注重的是解决社会公平正义问题，强调坚持新发展理念是关系我国发展全局的一场深刻变革。

新发展理念为我国城市的发展指明了方向，要更注重特色和创新发展。注重特色是城市发展中的重要一环。每个城市都有其独特的文化、历史和地理条件，因此，在发展过程中应充分利用这些优势，形成具有自身特色的城市发展模式。这不仅可以提升城市的竞争力，还可以增强城市的可持续发展能力。而创新发展是推动城市进步的核心动力。在新时代背景下，科技日新月异，城市之间的竞争也日益激烈。因此，城市必须注重创新驱动，加大科技创新投入，培育新兴产业，推动经济转型升级。同时，还要鼓励创新思维在城市治理、公共服务等领域的广泛应用，以提升城市管理的效率和水平。

海岛一般面积较小，拥有独特的自然景观和生态环境，这些资源为海岛特色发展提供了条件和优势。管理部门能够根据海岛的独特地理环境、资源条件和文化背景，制定出适合实际情况的发展策略，打造"一岛一特色"主题海岛，构建适合海岛的特色发展模式。通过注重特色发展，海岛可以充分利用岛上的稀缺资源，注重创新驱动，打造具有每个海岛特点的旅游、渔业、海洋产业等，从而吸引更多的游客和投资。鼓励海岛特色发展还可以促进海岛资源的合理利用，也有助于保护海岛的自然环境和文化遗产，促进海岛产业的转型升级，提高海岛资源利用效率，实现海岛经济、社会和环境的协调发展。

2）指标含义与评分标准

在和美海岛建设评估中，海岛特色发展模式探索与创新指标指结合海岛自然资源、生态环境禀赋开展发展模式探索与创新的情况。反映海岛创新发展状况。

具体的评分标准如下（表 3-28）：

品牌标示（2 分）：获得以高质量绿色发展为特点的经济发展品牌标示，如：开发区、高新区、贸易区。具备省级及以上品牌标示的，得 2 分；具备市级品牌标示的，得 1 分。

特色发展（1 分）：发展有符合地方自然资源情况、生态环境情况的特色产业，如：特色教育、文化体验、康体疗养等，得 1 分。

表 3-28　海岛特色发展模式探索与创新指标含义及计算方法

一级指标	二级指标	指标释义	计算方法	分值
特色经济发展	海岛特色发展模式探索与创新	结合海岛自然资源、生态环境禀赋开展发展模式探索与创新的情况。反映海岛创新发展状况	品牌标示（2 分）：获得以高质量绿色发展为特点的经济发展品牌标示，如：开发区、高新区、贸易区。具备省级及以上品牌标示的，得 2 分；具备市级品牌标示的，得 1 分。 特色发展（1 分）：发展有符合地方自然资源情况、生态环境情况的特色产业，如：特色教育、文化体验、康体疗养等，得 1 分	3

3.6 文化建设

3.6.1 物质文化保护情况

1）指标设置背景及意义

物质文化遗产，如文物和古迹，是人类历史文化的见证和遗存，它们记录了人类的生产生活实践，反映了不同文化之间的交流和融合，还体现了不同民族的文化特色和发展历史，保护好物质文化遗产有助于促进文化交流，保护历史和文化传承。物质文化遗产是一个国家文化的重要组成部分，保护这些遗产有助于提升国家的文化软实力和国际影响力。物质文化遗产还为旅游业提供了丰富的资源，其保护和合理利用可以促进旅游业的发展，进而促进经济增长。保护物质文化遗产可以加强国民对自身文化传统的了解和热爱，提升文化自信。

海岛物质文化遗产是海岛文化的根基，其保护与传承的好坏与海岛综合发展密切相关。物质文化遗产是海岛地区祖先智慧的结晶，它直观地反映了海岛人类社会发展的这一重要过程，是海岛社会发展不可或缺的物证。因此，保护海岛物质文化遗产就是保护海岛人类文化的传承，保护社会不断向前发展。

2）指标含义与评分标准

在和美海岛建设评估中，物质文化保护情况指标指文物散落地、摩崖字画、名人故居、历史纪念建筑、传统历史街区、传统村落等物质文化遗产的保护情况。反映物质文化受保护程度。

具体的评分标准如下（表3-29）：

有物质文化被纳入省级及以上保护名录的，得3分；

有物质文化被纳入市级保护名录的，得2分；

有物质文化被纳入县级保护名录或有开展维护、宣传等加以保护的，得1分。满分3分。

表3-29 物质文化保护情况指标含义及计算方法

一级指标	二级指标	指标释义	计算方法	分值
文化建设	物质文化保护情况	文物散落地、摩崖字画、名人故居、历史纪念建筑、传统历史街区、传统村落等物质文化遗产的保护情况。反映物质文化受保护程度	有物质文化被纳入省级及以上保护名录的，得3分； 有物质文化被纳入市级保护名录的，得2分； 有物质文化被纳入县级保护名录或有开展维护、宣传等加以保护的，得1分。满分3分	3

3.6.2　非物质文化传承和保护情况

1) 指标设置背景及意义

非物质文化遗产，简称"非遗"，联合国教科文组织《保护非物质文化遗产公约》中所称非物质文化遗产，指被各社区、群体，有时是个人，视为其文化遗产组成部分的各种社会实践、观念表述、表现形式、知识、技能以及相关的工具、实物、手工艺品和文化场所。这种非物质文化遗产世代相传，在各社区和群体适应周围环境以及与自然和历史的互动中，被不断地再创造，为这些社区和群体提供认同感和持续感，从而增强对文化多样性和人类创造力的尊重。中国非物质文化遗产代表性项目名录十大门类分别为：民间文学，传统音乐，传统舞蹈，传统戏剧，曲艺，传统体育、游艺与杂技，传统美术，传统技艺，传统医药，民俗。

非物质文化遗产是中华优秀传统文化的重要组成部分，是中华文明绵延传承的生动见证，是连结民族情感、维系国家统一的重要基础。保护好、传承好、利用好非物质文化遗产，对于延续历史文脉、坚定文化自信、推动文明交流互鉴、建设社会主义文化强国具有重要意义。海岛的传统节日、民间民族表演艺术、传统戏剧和曲艺等非物质文化遗产的保护对于维护海岛文化多样性和传承独特文化表达至关重要，它们不仅是文化传承的载体，也是社区认同感和归属感的重要来源。因此，海岛加强非物质文化传承和保护工作能有效提升非遗传承传播水平，并促进非遗利用和发展。

2) 指标含义与评分标准

在和美海岛建设评估中，非物质文化传承和保护情况指标指传统节日、民间民族表演艺术、传统戏剧和曲艺等县级及以上非物质文化遗产的保护情况。反映非物质文化传承与保护力度。

具体的评分标准如下（表3-30）：

通过举办特色活动、教学、宣传等方式加以保护和传承，每有一种非物质文化受保护，得1分。满分3分。

表3-30　非物质文化传承和保护情况指标含义及计算方法

一级指标	二级指标	指标释义	计算方法	分值
文化建设	非物质文化传承和保护情况	传统节日、民间民族表演艺术、传统戏剧和曲艺等县级及以上非物质文化遗产的保护情况。反映非物质文化传承与保护力度	通过举办特色活动、教学、宣传等方式加以保护和传承，每有一种非物质文化受保护，得1分。满分3分	3

3.6.3 特色文化传承和保护情况

1）指标设置背景及意义

特色文化是文化的重要组成部分，是特定区域范围内人们在长期的生产、生活实践中所形成的共同价值观，是区别于其他地区得以存在、繁衍和发展的内在根基和精神动力。特色文化是经过长期历史发展的积淀而逐渐形成的，具有一定的连续性、独特性和可识别性，反映了特定区域的人文历史，形成了与其他地区文化相区别的人文特色。特色文化的最主要特点是富有特色和地方性，对一个区域的经济、社会、环境、人文乃至人的习惯、习俗和价值观的取向都有着重要影响。特色文化往往承载着一个地区或民族的历史、传统、价值观和信仰。保护特色文化意味着将这些独特的文化元素和记忆传递给后代，确保文化的连续性和多样性。一个社会的文化多样性是其活力和创造力的源泉，有助于推动社会进步和创新。同时，特色文化也是吸引游客和外来投资者的重要因素，有助于推动当地经济和文化发展。

海岛因其独特的地理位置和地形特征，孕育出了丰富的海洋文化。海岛人民在长期与海洋的亲密接触中，形成了对海洋的深厚情感和敬畏之心。他们的生活方式、生产活动以及信仰习俗都与海洋息息相关，如渔家习俗、祭海民俗等都是海岛特色文化的重要组成部分。同时，海岛的地形和气候特点也对其文化产生了深远影响。海岛多处于热带和亚热带地区，拥有宜人的气候和丰富的自然资源，使得海岛文化充满了热带风情和海洋韵味。海岛人民在适应海洋环境的过程中，发展出了独特的农业技术和手工艺品，如制作渔具和工艺品等。此外，海岛文化还体现在其独特的艺术形式和传统节庆活动中。很多海岛保留着许多古老的传统节日和庆典活动，如妈祖庙的晨钟暮鼓、渔家的祭海仪式等，这些活动不仅丰富了海岛人民的精神生活，也吸引了大量游客前来体验。海岛特色文化还体现在其饮食文化上，海岛拥有丰富的海鲜资源，因此海岛人民的饮食以海鲜为主，形成了独具特色的海岛美食文化。这些美食不仅美味可口，也反映了海岛人民的生活智慧和饮食文化。通过对海岛这些特色文化元素的保护，可以有效地传承海岛的历史和文化，对于促进海岛旅游业的可持续发展、增强海岛居民的归属感以及推动海岛经济发展具有重要作用。

2）指标含义与评分标准

在和美海岛建设评估中，特色文化传承和保护情况指标指历史沿革、名人事迹、典故传说、祖训家规和乡土风貌等特色文化的保护情况。反映海岛其他特色文化的挖掘和保护水平。

具体的评分标准如下（表3-31）：

通过开展乡土风貌保持、乡土文化传承宣传等方式加以延续和传承，每有一种特色文化受保护，得 1 分。满分 3 分。

表 3-31　特色文化传承和保护情况指标含义及计算方法

一级指标	二级指标	指标释义	计算方法	分值
文化建设	特色文化传承和保护情况	历史沿革、名人事迹、典故传说、祖训家规和乡土风貌等特色文化的保护情况。反映海岛其他特色文化的挖掘和保护水平	通过开展乡土风貌保持、乡土文化传承宣传等方式加以延续和传承，每有一种特色文化受保护，得 1 分。满分 3 分	3

3.7　制度建设

3.7.1　海岛保护与利用管理制度

1）指标设置背景及意义

2009 年 12 月 26 日，全国人大常委会通过了《中华人民共和国海岛保护法》（简称《海岛保护法》）并于 2010 年 3 月 1 日正式施行。《海岛保护法》是我国首次以立法的形式，加强对海岛的保护与管理，规范海岛开发利用秩序。《海岛保护法》的颁布实施，是我国海洋事业发展具有里程碑意义的一件大事，体现了党和国家对海岛工作的高度重视，《海岛保护法》明确了海岛的生态价值、海洋权益价值和社会经济价值以及各级政府和部门在海岛管理工作中的职责，将进一步促进海岛自然资源的合理开发利用，切实维护国家海洋权益，促进经济社会可持续发展。

《海岛保护法》设立了海岛保护规划、海岛生态保护、无居民海岛权属及有偿使用、特殊用途海岛保护、监督检查等基本制度，确立了依法用岛、依法护岛和依法管岛的新格局，可有效解决海岛保护与开发面临的难点问题，为海洋开发的深入发展奠定扎实基础，同时《海岛保护法》明确了海岛的生态价值、海洋权益价值和社会经济价值以及各级政府及其管理部门在海岛管理工作中的职责，将进一步促进海岛自然资源的合理开发利用，切实维护国家海洋权益，促进经济社会可持续发展。

上述海岛保护与利用管理制度是国家为了保护和发展海岛资源、促进经济发展和环境保护而制定的。我国具备健全的海岛管理制度，才能合理利用海岛资源、保护自然环境、促进海岛经济和社会发展。

2）指标含义与评分标准

在和美海岛建设评估中，海岛保护与利用管理制度指标指根据海岛自然资源、生态环境禀赋制定保护和管理制度的情况。包括：海岛保护利用规划建立情况及对岛体、岸线、沙滩、生态环境等要素的保护制度建设情况。反映海岛保护制度的健全程度。

具体的评分标准如下（表3-32）：

规划制订情况（2分）：按照国家要求制订有海岛国土空间规划的（其中无居民海岛为海岛保护和利用规划），得2分。

制度制定情况（1分）：制定有海岛自然资源、生态环境保护制度的，得1分。

表3-32　海岛保护与利用管理制度指标含义及计算方法

一级指标	二级指标	指标释义	计算方法	分值
制度建设	海岛保护与利用管理制度	根据海岛自然资源、生态环境禀赋制定保护和管理制度的情况。包括：海岛保护利用规划建立情况及对岛体、岸线、沙滩、生态环境等要素的保护制度建设情况。反映海岛保护制度的健全程度	规划制订情况（2分）：按照国家要求制订有海岛国土空间规划的（其中无居民海岛为海岛保护和利用规划），得2分。制度制定情况（1分）：制定有海岛自然资源、生态环境保护制度的，得1分	3

3.7.2　创建活动机制建设情况

1）指标设置背景及意义

机制建设是指在特定领域或系统中建立一套完善的规则和制度，以确保其运作的顺利和高效。这包括在组织、机构或企业中，建立和完善各项规章制度和机制，以确保组织的正常运转和发展。机制建设的目的是规范管理、提高效率、保障安全、促进创新、增强竞争力等。

良好的机制建设能够为和美海岛的创建工作提供明确的指导和规范，确保各项工作按照既定计划和目标有序进行，有助于提高工作效率，避免资源浪费和重复劳动，可以明确政府和相关部门在创建工作中的职责和任务，强化责任落实，有助于形成工作合力，确保各项政策措施得到有效执行，还有助于解决创建过程中遇到的各类问题和挑战，提高工作成效。总之，设立创建和美海岛示范组织领导机构能确保和美海岛建设有序进行，并加强对和美海岛创建工作的组织领导，统一指挥、协调申报工作的开展，领导小组各成员单位通过职能分工，加强协作配合，完成各自工作任务，能够形成创建和美海岛的强大合力，确保申报工作有条不紊地开展。

2）指标含义与评分标准

在和美海岛建设评估中，创建活动机制建设情况指标指通过设立创建示范组织领导机构、制定可操作的实施方案，推进创建示范工作高效运行。反映地方对创建示范活动的重视程度。

具体的评分标准如下（表3-33）：

设立创建示范组织领导机构的，得1分；

制定实施方案，得1分。

表 3-33　创建活动机制建设情况指标含义及计算方法

一级指标	二级指标	指标释义	计算方法	分值
制度建设	创建活动机制建设情况	通过设立创建示范组织领导机构、制定可操作的实施方案，推进创建示范工作高效运行。反映地方对创建示范活动的重视程度	设立创建示范组织领导机构的，得1分；制定实施方案，得1分	2

3.7.3　其他品牌建设情况

1）指标设置背景及意义

随着全球化的深入发展，品牌建设已成为国家和地区提升综合竞争力、塑造良好形象的重要手段。当前我国城镇化发展水平由速度型向质量型转变，加强品牌建设、推动品牌发展，是构建新发展格局的内涵要求，也是深化供给侧结构性改革、推动高质量发展的重要举措。近年来，我国各地对品牌建设日益重视，积极开展品牌创建行动，越来越多的地方特色品牌成为高质量的代名词。可以说，这些地方品牌的成功，不仅因为其产品质量的优异，更因其代表着供给结构和需求结构的方向。有了品牌忠诚度和市场需求，地方品牌迈向一流就拥有了广阔的空间。

海岛作为一个特殊的地理单元，其品牌建设关乎经济社会的发展，海岛如果获得经国家（省）批准的荣誉称号，意味着海岛在某一领域具备较高的综合实力和竞争力。这不仅能够提升海岛的品牌价值，还能够吸引更多的资源和关注，推动海岛的经济社会发展。而且获得荣誉称号的海岛，通常在该领域具有显著的示范引领作用，能够通过分享经验、交流等方式，带动海岛周边地区的发展，形成良性互动和共赢局面。

因此，海岛品牌建设情况是对海岛在生态保护、资源节约、人居环境改善等方面成绩的一种官方认可，有助于提升海岛的品牌形象和知名度，对于推动海岛全面发展和保护具有重要的意义。

2）指标含义与评分标准

在和美海岛建设评估中，其他品牌建设情况指标指经国家（省）批准的荣誉称号的获得情况。反映海岛在其他领域的优势和建设成效。

具体的评分标准如下（表3-34）：

近五年，获得省级及以上荣誉称号，如国家级生态旅游示范区、美丽乡村、特色小镇、休闲农业与特色旅游示范县等，每有一项，得1分。满分2分。

表3-34　其他品牌建设情况指标含义及计算方法

一级指标	二级指标	指标释义	计算方法	分值
制度建设	其他品牌建设情况	经国家（省）批准的荣誉称号的获得情况。反映海岛在其他领域的优势和建设成效	近五年，获得省级及以上荣誉称号，如国家级生态旅游示范区、美丽乡村、特色小镇、休闲农业与特色旅游示范县等，每有一项，得1分。满分2分	2

3.7.4　社会认知度和公众满意度

1）指标设置背景及意义

公众满意度是一个以公众为核心、以公众感受为评价标准的概念。公众满意的程度，取决于公众接受某项产品或服务后的感知与公众在接受之前的期望相比较后的体验，比值越大，则公众越满意，即公众满意度越高，可用一个简单的函数来描述公众满意度：

$$PSI = q/e$$

式中，PSI 为公众满意度；q 代表公众对服务的感知；e 代表公众的期望值。PSI 的数值越大，表示公众满意度越高；反之，其数值越小，表示公众满意度越低。当 $PSI>1$ 时，公众满意度很高，表明政府行为超出了公众的期望，在此种情况下，公众会对政府表现出高度的信任和忠诚，甚至产生一些依赖；当 $PSI=1$ 时，公众满意度较高，表明政府行为的效果恰好吻合公众的期望，在此种情况下，公众会对政府表现出应有的热情和信任；当 $PSI<1$ 时，公众满意度很低，表明政府行为的效果低于公众的期望，在此种情况下，公众会对政府表现出抱怨、冷漠、不满和不信任。基于此，可以认为政府服务的公众满意度就是指公众对政府服务绩效（效果）的感知与他们的期望值相比较后形成的一种失望或愉快的感觉程度的大小。

在和美海岛申报中，公众满意度调查可以了解公众对和美海岛创建工作各方面的满意度，如海岛环境改善、公共服务质量提升、社区参与度等。这有助于政府和相关部门发现工作中存在的问题和不足，进而进行改进。也有助于政府和相关部门更好地把握公众的需求和期望，从而更有针对性地推进和美海岛创建工作。

2）指标含义与评分标准

在和美海岛建设评估中，社会认知度和公众满意度指标指公众对和美海岛创建活动的了解情况、满意程度。反映创建示范活动直观效果。

具体的评分标准如下（表 3-35）：

通过对本岛居民的随机调查得出和美海岛创建活动的公众认知和满意结果：

公众满意度≥80%，得 3 分；

70%≤公众满意度<80%，得 2 分；

60%≤公众满意度<70%，得 1 分；

公众满意度<60%，不得分。

表 3-35　社会认知度和公众满意度指标含义及计算方法

一级指标	二级指标	指标释义	计算方法	分值
制度建设	社会认知度和公众满意度	公众对和美海岛创建活动的了解情况、满意程度。反映创建示范活动直观效果	通过对本岛居民的随机调查得出和美海岛创建活动的公众认知和满意结果： 公众满意度≥80%，得 3 分； 70%≤公众满意度<80%，得 2 分； 60%≤公众满意度<70%，得 1 分； 公众满意度<60%，不得分	3

3.7.5　和美海岛宣传报道

1）指标设置背景及意义

在和美海岛申报中，宣传报道起着至关重要的作用。通过广泛的宣传报道，可以让更多人了解和关注海岛生态环境保护和可持续发展的重要性，提高公众对和美海岛申报的关注度，还能够有效地展示和美海岛创建活动的成效，确保和美海岛创建活动得到有效实施。宣传报道还可以深入阐述和美海岛的理念和目标，即建设"生态美、生活美、生产美"的海岛，推动海岛地区生态环境明显改善、人居环境和公共服务水平明显提升、居民收入显著提高等。这有助于引导社会各界共同参与到海岛保护和发展的行动中来，同时可以全面展示海岛的自然风光、人文历史、特色产业等方面的优势，增强海岛的品牌影响力和吸引力。

因此，宣传报道在和美海岛申报中具有重要的作用和意义。通过广泛的宣传报道，可以提升公众关注度，展示海岛特色，为和美海岛的申报和建设提供有力的支持。

2）指标含义与评分标准

在和美海岛建设评估中，和美海岛宣传报道指标指通过广播、电视、网络等多渠道媒体组织对和美海岛创建示范活动的宣传，提升创建示范活动的认知度和影响力，推进创建工作的有序开展。反映对创建示范活动的宣传力度。

具体的评分标准如下（表3-36）：

宣传渠道（1分）：通过3种以上渠道开展宣传的，得1分；

宣传频次（1分）：开展5次及以上宣传活动的，得1分；

宣传效果（1分）：和美海岛创建相关工作、宣传报道被中央级媒体报道、转载的，得1分。

表3-36 和美海岛宣传报道指标含义及计算方法

一级指标	二级指标	指标释义	计算方法	分值
制度建设	和美海岛宣传报道	通过广播、电视、网络等多渠道媒体组织对和美海岛创建示范活动的宣传，提升创建示范活动的认知度和影响力，推进创建工作的有序开展。反映对创建示范活动的宣传力度	宣传渠道（1分）：通过3种以上渠道开展宣传的，得1分； 宣传频次（1分）：开展5次及以上宣传活动的，得1分； 宣传效果（1分）：和美海岛创建相关工作、宣传报道被中央级媒体报道、转载的，得1分	3

第4章 海岛生态系统服务价值与评估

海岛是我国重要的自然资源，每个海岛都拥有相对独立而完整的生态系统，为人类提供着一系列实物型服务(食物、原材料、药品等)和非实物型服务(净化空气、水土保持、涵养水源等)。Daily、Costanza、Groot 等对全球的生态系统服务进行了全面、系统的研究与价值估算，这为全球生态系统服务价值的研究奠定了基础。国内诸多学者也在不同空间尺度上对国内生态系统服务价值进行了探讨，其中对海岛生态系统服务价值的研究相对较少，仅见从能值分析、生态调节功能估值等方面对岛屿服务价值进行了探究，而从价值当量角度来对海岛生态系统服务价值进行评估的研究相对缺乏。

加大对海岛保护与管理评价生态价值损失的理论和方法研究意义重大。本团队将生态服务功能价值的理论引入海岛管理领域研究，用于评价海岛的生态系统服务价值，并为和美海岛建设提供支撑。本书介绍了海岛生态系统服务价值分类体系及评估方法，并以浙江省温州市西门岛为例开展了海岛生态系统服务价值计算及空间表达方式、海岛系统服务价值时空变化驱动机制研究，以及海岛生态系统服务非市场价值评估等方面探索。

4.1 海岛生态系统服务价值分类及评估方法

4.1.1 海岛生态系统服务价值内涵与定义

生态系统服务功能的概念是逐步完善且有争议的，关于生态系统服务的定义，许多学者进行了大量研究。Daily 在《自然的服务——社会对自然生态系统的依赖》(*Nature's Services：Social Dependence on Nature Ecosystems*)一书中，提出了生态系统服务的概念，并对生态系统服务进行了全面的分析。Daliy 认为生态系统服务是生态系统与生态过程所形成的、维持人类生存的自然环境条件及其效用。

《全球生态系统服务与自然资本的价值》(*The value of the world's ecosystem services and natural capital*)则将生态系统提供的产品和服务统称为生态系统服务，主要通过非市场价值评估法对全球的 16 类生态系统的 17 项生态服务功能的价值进行分类核算，得出全球平均生态系统服务功能价值为每年 33 万亿美元。

Constanza 等(1997)认为生态系统服务是对人类生存和福利所必需的那些生态系统服务。Groot 等(2002)认为生态系统服务功能是提供满足人类需要的产品和服务能力的自然过程和组成。而在《千年生态系统评估》(*Millennium Ecosystem Assessment*)(MA,2003)中对生态系统服务的定义为：人类从生态系统中获得的效益，包括生态系统对人类可以产生直接影响的供给服务、调节服务和文化服务以及对维持生态系统其他服务具有重要作用的支持服务。

基于上述学者的研究，本书将海岛生态系统服务界定为：一定时间内海岛生态系统通过一定的生态过程向人类提供的赖以生存和发展的产品和服务。为综合评估海岛生态系统服务，常采取统一的货币量纲进行衡量。海岛生态系统服务价值为海岛生态系统在特定时间内为人类提供的产品和服务的效用。

由上述定义可以看出，海岛生态系统服务具有以下内涵：①海岛生态系统服务具有时空尺度，是特定时间特定生态系统提供的；②海岛生态系统服务的提供者为海岛生态系统及其组分，不是其他生态系统；③海岛生态系统服务是针对人的需求而言的，能够提高人类福利；④海岛生态系统服务的提供是通过一定的生态过程实现的，是生物成分和非生物成分共同作用的结果，是海岛生态系统的整体表现；⑤海岛生态系统服务包括物质产品和服务两方面。通过以上内涵的界定，就比较容易区分哪些属于海岛生态系统服务，哪些不属于海岛生态系统服务。

4.1.2　海岛生态系统服务价值分类

生态系统服务价值是人类直接或间接地从生态系统中获取的利益。为度量生态系统服务价值，需对其进行科学分类。

不同学者对于生态系统服务功能的分类存在一些差别。Daily(1997)在其著作中所指出的生态系统服务功能包括空气和水净化、缓解干旱和洪水、废水的分解和解毒、产生和更新土壤和土壤肥力、作物和植物授粉、农业害虫的控制、种子扩散与营养物质迁移、生物多样性维持、保护免受辐射、稳定局部气候、物质生产、缓解气温骤变、风和海浪、支持不同的人类文化传统、提供美学和精神激励等。这些服务均具有明确的生态过程，并且对人的生产生活是有效用的。

Constanza 等(1997)将生态系统服务归纳为 17 类 4 个层次，即生态系统的内涵包括：生态系统的生产(包括生态系统的产品及生物多样性的维持等)；生态系统的基本功能(包括传粉、传播种子、生物防治、土壤形成等)；生态系统的环境效益(包括改良减缓干旱和洪涝灾害、调节气候、净化空气、废物处理等)；生态系统的娱乐价值(休闲、娱乐、文化、艺术素养、生态美学等)。近年来国内外很多生态系统服务价值评估均以此生态系统分类方案为基本框架展开。

　　Groot 等（2002）则在总结已有的关于生态系统服务分类研究成果的基础上，提出了四大类生态系统功能，即调节功能、生境功能、生产功能和信息功能。调节功能是指那些维持生态系统和生命支持系统的功能，这个功能范畴包括了对所有生命组织都非常重要并直接或间接有益于人类的生物地球化学循环和生物与非生物的相互作用；生境功能为各种动植物的生命循环提供栖息地，从而保持生物和基因多样性和进化过程；生产功能包括通过初级和次级生产将有机和无机物质转化为被人类直接或间接利用的产品的过程；信息功能是指生态系统对人类心智和精神福利的贡献。在这四大类功能中包含 23 个子功能。

　　而新的分类为联合国《千年生态系统评估》中的分类体系，将生态系统服务分为供给服务、调节服务、文化服务和支持服务四大类，每一类中又包含多项子服务。见表 4-1。

表 4-1　三种生态系统服务功能分类体系

Costanza 分类	Groot 分类	《千年生态系统评估》分类
	调节功能(维持必要的生态过程和生命支持系统)	调节服务(从生态系统的调节作用获得的收益)
气体调节	气体调节	气体调节
气候调节	气候调节	气候调节
干扰调节	干扰调节	风暴防护
水调节	水调节	水调节
水供应	水供给	侵蚀控制
侵蚀控制	土壤保持	人类疾病调节
土壤形成	土壤形成	净化水源和废物处理
养分循环	营养调节	传授花粉
废物处理	废物处理	生态控制
花粉传授	传授花粉	支持服务(支持和产生所有其他生态系统服务的基础服务)
生物防治	生态控制	
避难所	生境功能(为野生动植物提供适宜的生活空间) 残遗种保护区功能 繁殖功能	初级生产 土壤形成 营养循环 水循环 提供生境
	生产功能(提供自然资源)	供给服务(从生态系统中获得的产品)
	食物	食物和淡水
生物生产	原材料	燃料
原材料	基因资源	基因资源
基因资源	医药资源	生化药剂、自然药品
	观赏资源	观赏资源

续表

Costanza 分类	Groot 分类	《千年生态系统评估》分类
	信息功能 （提供认知发展的机会）	文化服务 （人类从生态系统获得的非物质利益）
休闲娱乐 文化	审美信息 娱乐 文化和艺术信息 精神和历史信息 科学和教育	精神和宗教价值 教育价值 审美价值 文化遗产价值 娱乐与生态旅游

由表4-1可见，尽管各种分类体系有着或多或少的不同，然而它们对生态系统服务的识别具有相当的一致性，所列出的生态系统服务种类均非常相似。此外，应认识到由于生态系统开发利用方式和区域社会经济发展水平等方面的差异性，同一生态系统服务在不同的区域其价值也会有所不同。

海岛生态系统向人类提供的产品和服务很多，包括木材、建筑石材、化工原料、基因资源等，同时还通过气候调节和物质循环等，维持着人类生存的自然环境的平衡。目前对于海岛生态系统服务和价值评估尚没有统一、公认的分类标准和方法。参考上述学者关于生态系统服务的分类体系以及 MA 的分类体系，并根据生态系统服务效用的表现形式，本书将海岛生态系统服务划分为供给服务、调节服务、文化服务和支持服务 4 大类 13 项(图 4-1)。

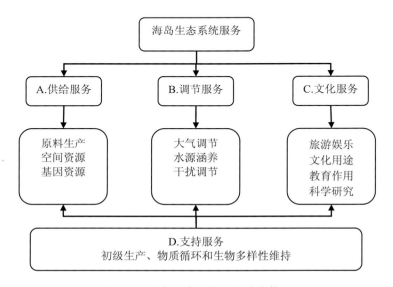

图 4-1　海岛生态系统服务分类体系

1）供给服务

供给服务指海岛生态系统为人类提供原材料、空间资源和基因资源等产品，从而满足和维持人类物质需要的服务。主要包括以下几类。

（1）原料生产：海岛生态系统为人类生产、生活提供重要原料的服务，包括食物、建筑材料、化工原料和医药原料等。我国海岛大部分为基岩海岛，海岛上建筑材料非常丰富，更重要的是海岛周边海域还蕴藏着丰富的水产、海盐以及石油天然气等资源。

（2）空间资源：我国海岛多优质的深水岸线资源，许多海岛分布着大面积的滩涂，加上海岛土地，这些都是宝贵的空间资源。尤其是深水岸线资源在海岛的经济开发中具有十分重要的意义，它是区域经济发展的中枢或枢纽，其规模和建设将直接影响到海岛及周围海域的经济开发和发展。

（3）基因资源：是指海岛生物所携带的基因和基因信息。目前，随着科学技术的发展，人类已逐渐认识到基因资源的价值，并为社会带来了巨大的福利。在我国众多海岛上，尤其是一些适合人类居住的海岛生长良好的植被，蕴藏着较多珍稀动植物基因资源。

2）调节服务

调节服务是指人类从海岛生态系统调节过程中获得的服务和效益，具体分为以下几类。

（1）大气调节：海岛生态系统通过海岛植被光合作用释放 O_2 的服务。氧气生产服务对于调节 O_2 和 CO_2 的平衡，维持空气质量发挥着重要作用。据 1996 年《全国海岛资源综合调查报告》，我国黄海、渤海、东海和南海海岛上的林地总面积达到 $1.4×10^5$ hm^2，海岛上的林地对于大气候或者区域小气候都具有直接或间接的调节作用。

（2）水源涵养：海岛生态系统具有涵养水源的功能，例如海岛森林就在水的自然循环中发挥着重要作用。降水一部分被树冠截留，大部分落到树下的枯枝落叶和疏松多孔的林地土壤中被蓄留起来。有研究表明，森林土壤根系空间达 1 m 深时，1 hm^2 的森林可储存水 200～2 000 m^3，比无林地能多蓄水 300 m^3。这也使得我国部分条件较好的海岛上具有淡水资源，可以基本满足海岛居民生产生活的需求。

（3）干扰调节：海岛生态系统对各种环境波动的容纳、衰减和综合作用。例如海岛周边的草滩、红树林和珊瑚礁可有效减少风暴潮、台风等自然灾害所造成的损害。以海岛红树林为例，红树林植物易成群落，而且纵横交错，能牢固扎根于海滩淤泥上，通过网罗碎屑的方式促进土壤的形成，使泥沙淤积，从而保护堤岸。

3）文化服务

文化服务是指人们通过精神感受、知识获取、主观印象、消遣娱乐和美学体验等方式从海岛生态系统中获得的非物质利益，可分为以下几类。

（1）旅游娱乐：指海岛提供给人们游泳、垂钓、潜水、游玩、观光等服务。

我国滨海旅游业相对比较发达，发展态势良好，已经成为我国海洋经济可持续发展的亮点。当前我国沿海旅游景点开发程度较高，从资源潜力而言，今后可挖掘的旅游景点应重点向海岛延伸。如浙江省南麂列岛通过海岛自然保护区的建设，不但成为我国目前唯一纳入联合国教科文组织世界生物圈保护区网络的海岛类型自然保护区，而且在《中国国家地理》杂志社联合全国媒体开展的"中国最美的地方"评选活动中，南麂列岛名列"中国十大最美海岛"第五位，在旅游市场上享有非常高的认可度。

（2）文化用途：海岛提供影视剧创作、文学创作、教育、音乐创作等的场所和灵感的服务。

浙江舟山桃花岛是一个典型的例子。桃花岛拥有舟山群岛第一高峰——安期峰，舟山第一深港——桃花港，东南沿海第一大石——大佛岩，素有"海岛植物园"美称。桃花岛生态保护非常好，再加上丰富的自然景观、人文景观和神话传说有机融合，形成著名的桃花岛风景名胜区。汉时大臣李少纯，宋代文学家苏轼，元朝文学家吴莱，明代军事家朱丸，清代诗人朱绪、缪燧，当代武侠文化大师金庸、诗人方牧等都留下了脍炙人口的作品，不断补充和深化了桃花岛的人文景观和海洋文化。尤其是其成为电视剧《射雕英雄传》的拍摄地点，因"黄药师"居住地而闻名海内外。

（3）教育作用：我国沿海海岛上分布着众多历史文化遗迹、海防工程建筑，许多海岛也因此成为红色旅游的圣地，对游人具有极强的教育意义。如浙江台州"解放一江山岛战役纪念地"已成为红色旅游教育基地，可以强烈激发国民的爱国热情。

（4）科学研究：海岛生态系统的复杂性和多样性吸引了更多的科学研究，而建设和美海岛需要的低碳、环保、绿色、节能新理念，更是推动相关科学技术进步和发展的源泉。海岛的建设涉及绿色建筑材料与技术、海水利用技术（海水淡化、海水供热、海水直接利用）、可再生能源利用技术（太阳能、风能、潮汐能、潮流能、地热能、生物质能）、污水处理与中水回用技术、固体废弃物处理与垃圾发电技术以及海岛生态修复技术等，均具有非常重要的科研意义和价值。

4）支持服务

支持服务是指保证海岛生态系统供给服务、调节服务和文化服务的提供所必需的基础服务，包括以下几种。

（1）初级生产：通过植物、其他海岛植物和细菌生产固定有机碳，为海岛生态系统提供物质和能量来源的服务。

（2）物质循环：维持生态系统稳定和其他服务必不可少的物质循环服务，包括 C、N、P 等的循环。

（3）生物多样性维持：海岛生态系统产生并维持遗传多样性、物种多样性和生态系统多样性。生物多样性维持有利于增强生态系统的弹性和恢复力，抵御外来生物入侵，保持生态系统完整性和保障生态系统服务的持续供给。

支持服务对人类的影响是间接的或者通过较长时间才能发生，而供给服务、调节服务和文化服务则是相对直接的影响人类。支持服务是保证海岛生态系统供给服务、调节服务和文化服务的提供所必需的基本条件，其价值通过供给服务、调节服务和文化服务体现，为避免重复计算，评估过程中不考虑支持服务的价值。

4.1.3　海岛生态系统服务价值评估方法

生态系统服务是生态系统对人类社会贡献的集中体现，它构成了人类社会可持续发展的重要物质和能量基础。按照现行的国民经济统计方法，人们可以定期地计量每年各产业的产值，这些产值是在人类有意识地改造自然、利用自然的过程中获取的。然而，由于人类对生态系统服务的认识不足，加上这些服务对人类社会作用方式的特殊性，使得生态系统服务的价值计量比较困难。

近年来，生态系统服务功能价值的评估已经成为生态学家和生态经济学家研究的热点，许多学者对其进行了探索性研究，并且提出了一些方法。概括起来，生态系统服务功能价值的评估方法主要可分为常规市场评估方法、替代市场评估方法和假想市场评估方法三类（徐中民等，2000），每一类又包含若干具体评价方法（表4-2）。

表4-2　生态系统服务功能价值评估方法

类别	评估理论	具体方法
常规市场评估方法	把生态系统服务或环境质量作为生产要素，以直接市场价值计算生态系统服务价值及其变化	（1）市场价格法 （2）机会成本法 （3）影子工程法 （4）人力资本法 （5）防护和恢复费用法
替代市场评估方法	通过估算替代品的花费来代替生态系统服务的价值。以"影子价格"和消费者剩余来估算生态系统服务价值	（1）旅行费用法 （2）资产价值法
假想市场评估方法	生态系统所提供的很多服务是公共物品，对于这些公共物品，可人为地构造假想市场来估算其价值	（1）条件价值法 （2）选择试验法

当前，生态系统服务功能价值主流评估方法主要有市场价格法、机会成本法、影子工程法、防护和恢复费用法、人力资本法、资产价值法、旅行费用法和条件价值法

等，本书介绍其中较常用的几种。

1）市场价格法

市场价格法也称生产率法，其基本原理是将生态系统作为生产中的一个要素，生态系统的变化将导致生产率和生产成本的变化，进而影响价格和产出水平的变化，或者导致产量或预期收益的损失。该方法适用于有实际市场价格的生态系统服务的价值评估，例如海岛生态系统原材料生产服务的评估。由于市场价格法是基于可观察的市场行为和数据，评估出来的价值具有客观性、可接受性等优点。但市场价格法也有其局限性，表现在以下方面：①适用范围窄，只有少数生态系统服务具有市场交易；②由于市场失灵的存在，市场有时并不能反映生态系统服务的全部价值，从而导致评估结果的不准确性。

2）机会成本法

机会成本常用来衡量决策的后果。所谓机会成本，是指做出某一决策而不做出另一种决策时所放弃的利益。任何一种资源的使用，都存在许多相互排斥的待选方案，为了做出最有效的选择，必须找出生态经济效益或社会净效益最优方案。资源是有限的，选择了这种使用机会就会失去另一种使用机会，也就失去了后一种机会可能产生的效益，人们把失去使用机会的方案中能获得的最大收益称为该资源选择方案的机会成本。机会成本法可用下式表示：

$$C_k = \max\{E_1, E_2, E_3, \cdots, E_i\} \qquad (4-1)$$

式中，C_k 为 k 方案的机会成本；E_1，E_2，E_3，$\cdots$，E_i 为 k 方案以外的其他方案的效益。

机会成本法是费用–效益分析法的重要组成部分，它常用于某些资源应用的社会效益不能直接估算的场合，是一种非常实用的技术。

3）影子工程法

影子工程法，又称替代工程法，是恢复费用法的一种特殊形式。影子工程法是假设在生态系统遭受破坏后人工建造一个工程来替代原来的生态系统服务功能，用建造新工程的费用来估计生态系统破坏所造成的经济损失的一种方法。影子工程法的数学表达式为

$$V = G = \sum_{i=1}^{n} X_i \qquad (4-2)$$

式中，V 为生态系统服务功能价值；G 为替代工程的造价；X_i 为替代工程中 i 项目的建设费用。

当生态系统的某种服务价值难以直接估算时，我们采用能够提供类似服务的替代工程或影子工程的价值来估算该种服务价值。例如海岛生态系统干扰调节服务的价值可采用影子工程法，即如果通过修建堤坝减轻风暴潮、台风对海岸的破坏，即以修建堤坝的费用作为海岛干扰调节服务的价值。

4）防护和恢复费用法

所谓防护费用，是指人们为了消除或减少生态环境恶化的影响而愿意承担的费用。由于增加了这些措施的费用，就可以减少甚至杜绝生态环境恶化及其带来的消极影响，而避免的损失就相当于获得的效益。因此，可以采用这种防护费用来评估海岛生态系统服务的价值。尽管防护费用法还存在一些缺点，但是该方法对生态环境问题的辅助决策还是比较有用的，因为对有些保护和改善生态环境的措施的效益，或生态系统服务价值的评估是非常困难的，而运用这种方法就可以将不可知的问题转化为可知的问题。

生态系统在受到污染或破坏后会给人们的生产、生活和健康造成损害。为了消除这种损害，最直接的办法就是采取措施将破坏了的生态系统恢复到原来的状况，恢复措施所需的费用即为该生态系统的价值，这种方法称为恢复费用法。防护与恢复费用法可用于评估海岛生态系统干扰调节等服务。

5）旅行费用法

旅行费用法是最早用来评估环境质量价值的非市场评估方法。旅行费用法用旅行费用（如交通费、门票、旅游景点的花费、时间的机会成本等）作为替代物来评价旅游景点或其他娱乐物品的价值。该方法可用于评估海岛生态系统旅游娱乐服务价值。旅行费用法自 20 世纪 60 年代提出以来，其方法日趋完善，并已发展出三种模型，即分区模型、个体模型和随机效用模型。旅行费用法最大的优点是通俗易懂，所有数据可通过调查、年鉴和有关统计资料获得。

6）条件价值法

条件价值法是在假想市场情况下，通过直接调查和询问人们对于某种海岛生态系统服务的支付意愿（WTP），或者对某种海岛生态系统服务损失的接受赔偿意愿，来评估海岛生态系统服务的价值。与市场价格法和替代成本法不同，条件价值法不是基于可观察到的和预设的市场行为，而是基于调查对象的回答。

条件价值法的基本理论依据是效用价值理论和消费者行为理论。它依据个人需求曲线理论和消费者行为，补偿变差及等量变差两种希克斯计量方法，运用消费者的支付意愿或者接受赔偿的愿望来度量生态系统服务价值。根据获取数据的途径不同，条件价值法可细分为投标博弈法、比较博弈法、无费用选择法、优先评价法和德尔菲法（李金昌等，1999）。条件价值法主要用于缺乏实际市场和替代市场的商品价值评估，是目前较好的公共物品价值评估方法。

以上介绍的生态系统服务价值经济学评估方法都有其优缺点及适用的范围。针对海岛生态系统服务不同的价值类型，应分别采用不同类型的评估方法。对于每一种海岛生态系统服务，也可以采用多种方法进行综合评估（表4-3）。

表4-3 不同类型海岛生态系统服务价值评价方法

海岛生态系统服务	最优评价方法	其他评价方法
原料生产	A	—
空间资源	A	C
基因资源	A	I
大气调节	B	—
水源涵养	B	D/H
干扰调节	F	B
旅游娱乐	G	A/I
文化用途	I	J
教育作用	B	A/I
科学研究	B	A/I

注：A—市场价格法；B—替代成本法；C—机会成本法；D—影子工程法；E—人力资本法；F—防护和恢复费用法；G—旅行费用法；H—资产价值法；I—条件价值法；J—选择试验法。

　　评估方法的选择要依据海岛生态系统服务的特点、评估方法的适用范围以及数据的可获得性来确定（图4-2）。其中，直接利用价值，主要采用市场价值法；间接利用价值，主要采用影子工程法、机会成本法、生产成本法、替代花费法、专家评估法等；选择价值、遗产价值和存在价值则采用基于支付意愿（WTP）调查的条件价值法（CVM）。如前所述，对于支持服务，其价值已通过供给服务、调节服务和文化服务体现，为避免重复计算，评估过程中不考虑支持服务的价值。

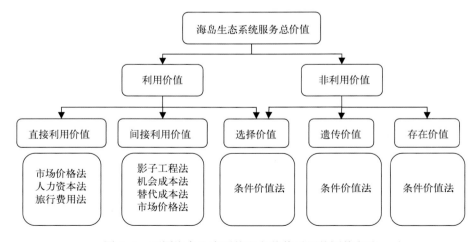

图4-2 不同海岛生态系统服务价值适用的评价方法

4.2　研究区域——西门岛

西门岛是浙江南部海域内的有居民海岛，陆域面积约 7 km²，滩涂面积约 19.2 km²，海岸线长 11.81 km，西距大陆最近点仅 320 m。西门岛属中亚热带海洋性季风气候，四季分明。西门岛累年平均气温为 17.6℃，年平均降水量为 1 474 mm。西门岛的滩涂资源十分丰富，主要分布在岛的南侧以及西侧和东北侧。西门岛的红树林区，是目前全国最北端的一片红树林，分布于西门岛南侧沿海滩涂。根据野外调查，西门岛滩涂湿地也有多种鸟类在此觅食栖息，如国家保护鸟类中的白鹭和世界级濒危鸟类黑嘴鸥等。

西门岛海洋特别保护区是 2005 年经国家海洋局和浙江省人民政府批准建立的浙江省第一个国家级海洋特别保护区。根据批准的乐清市西门岛海洋特别保护区建设发展规划，西门岛海洋特别保护区范围包括西门岛及其周边的滨海湿地，由西门岛景区(海洋度假区)、环岛滨海生态保护景观区、南涂生态保护与开发区三大功能区组成，保护区总面积为 3 080.15 hm²。西门岛滨海湿地资源十分丰富，其中岩礁性生物有 37 种，泥滩生物种类多达 92 种，是浙江沿海的生物高值区，具有较高的研究意义和价值。

4.3　海岛生态系统服务价值计算及表达

4.3.1　海岛生态系统服务价值计算

Constanza 等在《世界生态系统服务与自然资本的价值》文章中，运用经济学原理定量评价了全球生态系统的服务价值，并建立了评估模型。随后，Daily 等人的研究进一步发展生态系统服务价值评估的原理和方法。谢高地等在 Constanza 的评价模型基础上，通过对我国 200 位生态学者进行问卷调查，制定了中国陆地生态系统单位面积生态服务价值表(谢高地等，2003)。本书在参考谢高地等的研究成果基础上，结合海岛的特性，根据相关遥感解译的结果，分析计算西门岛生态系统服务价值。

$$ESV = \sum A_k \times VC_k \qquad (4-3)$$

$$ESV_f = \sum A_k \times VC_{fk} \qquad (4-4)$$

式中，ESV 为生态系统服务价值(CNY)；A_k 为研究区域 k 种土地利用类型的面积(hm²)；VC_k 为生态系统价值系数[CNY/(hm² · a)]；ESV_f 为生态系统单项服务功能价值（CNY）；VC_{fk}为生态系统单项服务功能价值系数[CNY/（hm²·a）]。

由于西门岛土地划分类型与谢高地等提出的生态服务价值表中的土地类型存在差异，需将西门岛不同的土地类型与最接近的生态服务类型相对应，从而给出每种土地利用类型单位面积的生态服务价值。其中有林地对应森林，水田和旱地对应农田，养殖水面和滩涂对应湿地，其他园林对应灌木，坑塘水面对应水体，农村宅基地、公路用地和特殊用地对应建筑用地，空闲地对应草地，裸地对应荒漠，从而获得海岛生态系统单位面积生态系统服务价值表（表4-4）。

表4-4　西门岛生态系统单位面积生态服务价值

项目	森林	草地	灌木	农田	湿地	水体	荒漠	建设用地	生态系统服务价值 [CNY/（hm²·a）]
有林地	◆								19 334
水田				◆					6 114.3
养殖水面					◆				55 489
旱地				◆					6 114.3
其他园林			◆						12 870.4
坑塘水面						◆			40 676.4
农村宅基地								◆	0
公路用地								◆	0
特殊用地								◆	0
空闲地		◆							6 406.5
裸地							◆		371.4
滩涂					◆				55 489

4.3.2　基于 GIS 的空间表达

常规的生态系统服务价值评估结果往往以单一的数值形式表达，难以体现海岛生态服务价值的空间关系及空间分布特征，掩盖了海岛作为自然资源与生态环境特征固有的空间异质性。本书基于以下步骤，实现了生态系统服务价值的空间表达。

（1）边界确定：边界的确定应充分考虑当地的地理特征、生态系统特征、自然灾害和人类活动影响范围。西门岛生态服务价值的研究范围包括岛陆及周边的滨海湿地，即涵盖整个西门岛保护区的范围。

（2）空间分区：在 GIS 软件的帮助下，可实现西门岛生态服务价值评价单元的分区，并保存为矢量面数据。

（3）属性赋值与空间表达：根据计算的各单项生态服务价值，将价值量赋予各区域，可视化每一区域包含的所有生态系统服务价值，实现价值的空间表达。

为了分析西门岛土地生态系统服务价值的空间异质性，需要对不同土地类型生态系统服务价值在空间上分布特征进行描述。为达到这一目的，按照基于 GIS 的空间分析方法，将不同区域的单位面积生态服务价值进行空间表达，得到西门岛土地生态系统单位面积生态系统服务价值的空间分布。

分析表明，西门岛生态系统服务价值<1 万元/(hm² · a)的区域主要分布在西门岛的水田、裸地、旱地和空闲地，农村宅基地、公路用地和特殊用地等建筑用地生态系统服务价值为 0；生态系统服务价值介于 1 万~2 万元/(hm² · a)的区域主要分布在其他园地和有林地覆盖区域；4 万~5 万元/(hm² · a)和 5 万元/(hm² · a)以上的地区主要分布在坑塘水面、养殖水面和滩涂区域。海岛地区土地生态系统服务价值的空间异质性特征非常明显。

4.4　海岛系统服务价值时空变化驱动机制

4.4.1　STIRPAT 模型原理

Ehrich 和 Holdren 于 1971 年提出了 IPAT 模型，因为其简单性、系统性和健全性等优点被广泛应用于环境经济领域：

$$I = P \times A \times T \tag{4-5}$$

式中：I 为环境影响；P 为人口规模；A 为富裕程度；T 为技术水平。

在 IPAT 模型基础上，Dietz 等在 1994 年提出了人口数量、富裕度和技术水平的随机回归影响模型(stochastic impacts by regressionon population，affluence and technology，STIRPAT)，该模型是将 IPAT 模型转换成一种随机模型来分析人类驱动力对环境压力的影响，STIRPAT 模型具体表示为式 4-6。

$$I = cP^{\alpha}A^{\beta}T^{\gamma}e \tag{4-6}$$

式中，c 为常系数；α、β、γ 为弹性系数；e 为模型误差。I 表示在其他影响要素不变的前提下，驱动力影响要素 P 或 A 或 T 变化1%所引起的环境压力变化百分比，这与经济学中的弹性分析方法类似。

标准的 STIRPAT 模型提供了一个简单的分解人类活动因子对环境影响的因果分析框架，据此可以分析驱动因素对环境影响的作用，还可以预测环境对人口数量和富裕度等人文社会因素变化的响应，在生态经济领域具有广泛的应用。

4.4.2　备选驱动因子与相关性分析

在实际应用中，STIRPAT 原始模型容许增加社会或其他控制因素来分析它们对生态系统服务价值的影响。本书根据海岛生态系统特点，采用拓展的 STIRPAT 模型开展生态系统服务功能价值变化的驱动力机制研究。

本书在相关分析研究中，人口数量采用总人口表示，富裕度采用人均 GDP 表示。林业产值增加率和林业产值增加量反映了区域的自然环境状况，第一产业比重的变化在一定程度上可以反映土地集约利用的变化。城镇居民恩格尔系数作为反映社会经济发展的指标，在一定程度上也能反映土地利用方式的变化（表 4-5）。

表 4-5　西门岛所在乐清市社会经济统计数据

年份	第一产业比重	人均 GDP（元）	林业产值增加（%）	林业产值增加值（亿元）	人口数量（万人）	城镇居民恩格尔系数
2006	4.0	25 637	−18.2	0.18	118.21	28.4
2007	3.5	30 355	−45.7	0.10	119.59	27.9
2008	3.6	33 615	14.1	0.12	120.91	28.9
2009	3.5	34 396	7.5	0.14	122.49	28.9
2010	3.4	40 224	−14.3	0.12	126.99	30.1
2011	3.3	45 705	−17.9	0.11	126.03	31.5
2012	3.2	47 323	33.8	0.16	127.16	32.9
2013	3.0	51 612	−2.8	0.15	127.79	33.8
2014	2.9	54 950	−4.7	0.14	128.73	30.5
2015	2.7	59 728	5.2	0.15	128.04	30.8
2016	2.6	65 086	−4.6	0.13	129.59	31.1
2017	2.3	72 905	7.1	0.14	130.32	30.8

根据前述海岛生态系统服务价值计算方法理论，计算出西门岛 2006—2017 年生态系统服务价值（表 4-6）。

表 4-6　西门岛生态系统服务价值

年份	2006	2007	2008	2009	2010	2011
生态系统服务价值量（万元）	15 581.8	15 477.5	15 373.1	15 268.8	15 164.4	15 060.1
年份	2012	2013	2014	2015	2016	2017
生态系统服务价值量（万元）	14 955.7	14 764.1	14 572.5	14 380.8	14 189.2	13 997.6

将上述驱动因子与生态系统服务价值时间序列数据进行相关性检验，对初选的驱动因子进一步筛选，检验结果见表 4-7。

表4-7 备选驱动因子与生态系统服务价值相关性检验结果

		第一产业比重	人均GDP（元）	林业产值增加（%）	林业产值增加值（亿元）	人口数量（万人）	城镇居民恩格尔系数	生态系统服务价值（万元）
第一产业比重	Pearson Correlation	1	−0.984**	−0.291	0.023	−0.893**	−0.532	0.981**
	Sig. (2-tailed)		0	0.36	0.945	0	0.075	0
人均GDP（元）	Pearson Correlation	−0.984**	1	0.345	0.068	0.922**	0.592*	−0.993**
	Sig. (2-tailed)	0		0.271	0.834	0	0.042	0
林业产值增加（%）	Pearson Correlation	−0.291	0.345	1	0.463	0.387	0.469	−0.336
	Sig. (2-tailed)	0.36	0.271		0.13	0.214	0.124	0.286
林业产值增加值（亿元）	Pearson Correlation	0.023	0.068	0.463	1	0.031	0.245	−0.108
	Sig. (2-tailed)	0.945	0.834	0.13		0.924	0.442	0.738
人口数量（万人）	Pearson Correlation	−0.893**	0.922**	0.387	0.031	1	0.736**	−0.896**
	Sig. (2-tailed)	0	0	0.214	0.924		0.006	0
城镇居民恩格尔系数	Pearson Correlation	−0.532	0.592*	0.469	0.245	0.736**	1	−0.532
	Sig. (2-tailed)	0.075	0.042	0.124	0.442	0.006		0.075
生态系统服务价值（万元）	Pearson Correlation	0.981**	−0.993**	−0.336	−0.108	−0.896**	−0.532	1
	Sig. (2-tailed)	0	0	0.286	0.738	0	0.075	

由以上检验结果可知，有5项驱动因子与生态系统服务价值相关系数在0.3以上，呈现显著相关（**代表双侧显著性相关），而林业产业增加值与生态系统服务价值的相关性不高，相关系数仅为0.108，显著性（双侧）为0.738。因此，为了更准确地分析生态系统服务价值驱动力，将林业产业增加值这一备选驱动因子予以剔除。

4.4.3 生态系统服务价值STIRPAT模型

在STIRPAT模型的应用中，将生态系统服务价值视为环境影响(I)，人口规模以人口总量(P)进行衡量，富裕程度用人均GDP(A)量化。结合西门岛实际与数据的可获取性，将技术水平指标(T)分解为林业产值增加率(T_1)，第一产业比重(T_2)，城镇居民恩格尔系数(T_3)，得出以下新模型。

$$I = ap^b A^c T_1^d T_2^e T_3^f k \qquad (4-7)$$

式中，I为生态系统服务价值；a为常数项；b、c、d、e、f为P、A、T_1、T_2、T_3的弹性系数，表示总人口、人均GDP、林业产值增加率、第一产业比重和城镇居民恩格尔系数每变化1%，将分别引起生态系统服务价值变化百分比；k为随机变量项。

为了通过回归分析确定参数，对公式两边取对数，得到以下扩展模型。

$$\ln I = \ln a + b\ln P + c\ln A + d\ln T_1 + e\ln T_2 + f\ln T_3 + \ln k \qquad (4-8)$$

4.4.4 主成分回归分析

在回归方程中，虽然各自变量对因变量都是有意义的，但是某些自变量彼此相关，即存在共线的问题，给评价自变量的贡献率带来困难。需要对回归方程中的变量进行共线性诊断，并且确定它们对参数估计的影响。主成分分析就是将原来众多具有一定相关性的指标重新组合成一组新的相互无关的综合指标，称为主成分或因子。各主成分间具有不相关性，并且能较好地反映原来众多相关性指标的综合信息。因此，用主成分作为新的自变量进行回归分析会使得回归方程及参数估计更加可靠。

本书在对各影响因素进行了 Pearson 相关分析，结果表明总人口、人均 GDP、林业产值增加率，第一产业比重和城镇居民恩格尔系数之间存在显著相关关系（表4-7）。若直接进行回归，会由于共线性的存在导致方程不合理，难以进行正确的量化分析。因此，本书对各影响因子进行主成分分析的基础上，构建西门岛生态系统服务价值 STIRPAT 模型。

当提取两个主成分时，累计贡献率达到了 90.163%（表4-8），说明它已经包含了原始变量的 90.163% 的信息，可基本代替原始变量。

表4-8　主成分指标解释

组件	初始特征值			提取载荷平方和	
	总计	方差百分比(%)	累计百分比(%)	总计	方差百分比(%)
1	4.457	74.291	74.291	4.457	74.291
2	0.952	15.872	90.163	0.952	15.872
3	0.492	8.204	98.366		
4	0.075	1.255	99.621		
5	0.019	0.318	99.938		
6	0.004	0.062	100.000		

主成分荷载矩阵见表4-9，主成分得分系数矩阵见表4-10。

表4-9　主成分荷载矩阵

	组件	
	F_1	F_2
第一产业比重	−0.950	0.259
人均 GDP(元)	0.975	−0.190
林业产值增加(%)	0.477	0.796

续表

	组件	
	F_1	F_2
人口数量(万人)	0.962	−0.034
城镇居民恩格尔系数	0.730	0.406
生态系统服务价值(万元)	−0.958	0.222

表 4-10　主成分得分系数矩阵

	组件	
	F_1	F_2
第一产业比重	−0.213	0.272
人均 GDP(元)	0.219	−0.199
林业产值增加(%)	0.107	0.836
人口数量(万人)	0.216	−0.035
城镇居民恩格尔系数	0.164	0.426
生态系统服务价值(万元)	−0.215	0.234

结合主成分特征值的算数平方根数值，进而得到两个综合变量 F_1 和 F_2。

$$F_1 = -0.450T_2 + 0.462A + 0.226T_1 + 0.456P + 0.346T_3 \qquad (4-9)$$

$$F_2 = 0.265T_2 - 0.195A + 0.816T_1 - 0.035P + 0.416T_3 \qquad (4-10)$$

对生态系统服务价值处理后作为因变量(ZI)，综合变量 F_1、F_2 作为解释变量，采用最小二乘法回归，回归结果见表 4-11。

表 4-11　主成分与生态系统服务价值回归系数

模型		未标准化系数		标准化系数	t	标准差
		B	标准偏差	β		
	常量	$-2.067×10^{-15}$	0.058		0.000	1.000
1	F_1 得分	−0.454	0.029	−0.958	−15.748	0.000
	F_2 得分	0.228	0.062	0.222	3.657	0.005

表 4-12　综合变量回归方程检验

模型	R	R^2	调整后 R^2	标准估算的偏差
1	0.983[a]	0.967	0.959	0.201 708 19

注：a. 预测变量，F_2 得分，F_1 得分。

由表 4-12 可知，回归方程的 R^2，调整 R^2 均在 0.95 以上，表示回归方程拟合度非常好。根据表中的回归系数，可以得到因变量 ZI 与综合变量 F_1、F_2 的回归方程。

$$ZI = -0.454F_1 + 0.228F_2 \qquad (4-11)$$

由式(4-9)、式(4-10)、式(4-11)可以得到西门岛生态系统服务价值 STIRPAT 驱动力模型式(4-12)。

$$I = aP^{0.199}A^{0.165}T_1^{0.289}T_2^{-0.144}T_3^{0.252}k \qquad (4-12)$$

由式(4-12)可知，总人口、人均 GDP、林业产值增加率、第一产业比重、恩格尔系数对生态系统服务价值的弹性系数分别为 0.199、0.165、0.289、-0.144 和 0.252。

4.4.5　讨论与分析

（1）西门岛生态系统服务价值在 2006—2017 年呈逐年减少的趋势，由 2006 年的 15 581.8 万元减少到 2017 年的 13 997.6 万元，10 年间生态系统服务价值减少 1 584.2 万元，平均每年减少 158.4 万元。生态系统服务价值的减少与乐清市工业经济快速发展和城市化进程加快关系密切。

（2）应用主成分分析法对 STIRPAT 模型进行修正，可以有效地解决各项经济社会影响因素之间相互解释的现象，消除回归分析过程中的共线性问题。通过分析，西门岛生态系统服务价值驱动因素主成分累计贡献率达到了 90.163%，说明已经包含了原始变量的 90.163% 的信息，可基本代替原始变量。通过主成分分析方法，可以对生态系统服务价值的驱动机制开展更为合理的定量分析。

（3）生态系统服务价值的变化与社会经济发展高度相关，总人口、人均 GDP、林业产值增加率、第一产业比重、恩格尔系数等均为西门岛生态系统服务价值变化的主要驱动因子。当总人口、人均 GDP、林业产值增加率、第一产业比重、恩格尔系数增加 1% 时，生态系统服务价值将增长 0.199%、0.165%、0.289%、-0.144% 和 0.252%。驱动力由大至小排序为林业产值增加率、恩格尔系数、总人口、人均 GDP、第一产业比重。其中，第一产业比重为正向影响，其余 4 个指标为负面影响，林业产值增加率负面影响最大。这与乐清市工业发展水平较高，农业发展较慢、绿化面积增加有限有直接关系。因此，今后社会经济发展中，乐清市应控制人口增长速度，增加绿化面积，改善产业结构，这将是减轻人类活动对脆弱生态环境压力和实现可持续发展的有效路径。

4.5　海岛生态系统服务非市场价值评估

4.5.1　海岛生态系统服务非市场价值理论基础

生态系统不仅创造了人类赖以生存和发展的地球生命支持系统，还提供了丰富的食物、医药、木材以及工农业生产所需的原材料。生态系统服务包括供给服务、调节服务、文化服务和支持服务等，这些服务对人类的生存和发展至关重要。例如，森林和草原对国家生态安全具有基础性、战略性作用，它们不仅能提供清新的空气、丰富的动植物资源，还能吸收大气中的二氧化碳，减轻全球气候变暖的影响。虽然生态系统为人类的生存和发展提供了重要的资源与服务产品，但是大部分的生态系统服务缺乏市场交易机制，难以用所谓的"市场价格"去衡量。因此，需要采用非市场价值评价方法进行合理的货币化估算。

价格是商品或服务价值的反映，但是价格并不等同于价值。当消费者的支付意愿大于某一商品或服务的价格时，消费者才会购买某一商品或服务。说明价格仅代表了消费者获取商品或服务所愿意支付的最低值，却无法体现消费者从某一商品或服务中获取的全部效益。价格与价值的分离源于人们愿意支付的价格与实际支付价格之间的差异。

图 4-3 分别展示了典型商品和生态系统服务产品的供求曲线。对于典型商品，交点 b 反映了供需平衡时的价格与数量。需求曲线与均衡价格之间的三角形 abq 被称为"消费者剩余"。商品会以均衡价格成交，而那些愿意支付高价格的消费者便获得了额外的效用。而对于生态系统服务，相比典型商品，其大都具有非竞争性和非排他性特征，对于所有潜在消费者不论价格高低都可以享有固定数量的服务。s_0 代表某一生态系统在现有条件下所提供的生态系统服务数量，s_1 代表实施某一生态恢复项目后生态系统服务的供给。b_0、q_0、q_1、b_1 则反映了生态系统变化所引起的消费者剩余的变化。非市场价值要评估的内容就是由生态系统服务数量或质量变化所引起的消费者剩余的变化，即评价消费者愿意为生态系统服务改善（或退化）所接受的付出（或补偿）（郭晶，2017）。

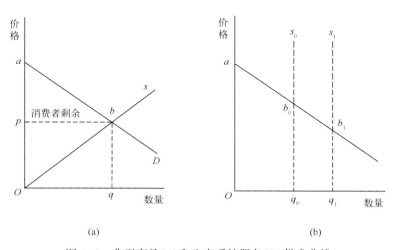

(a)   (b)

图 4-3 典型商品（a）和生态系统服务（b）供求曲线

4.5.2 海岛生态系统服务非市场价值的评估方法

海岛生态系统非市场价值评价方法可以分为揭示性偏好法（revealed preference method，RP）和陈述性偏好法（stated preference method，SP）两大类。

4.5.2.1 揭示性偏好法

揭示性偏好法属于事后评价方法，通过考察人们与市场相关的行为，特别是在与资源环境联系紧密的市场中所支付的价格或他们获得的利益，间接推断出人们对资源环境的偏好，以此来估算资源环境的非市场价值，目前研究中使用较多的有旅行费用法（travel cost methond，TCM）和特征价格法（hedonic price method，HPM）。

1）TCM

TCM 于 1947 年由美国经济学家 Hotelling 首次提出，主要适用于游憩价值的评估，是非市场商品价值评估最早使用的方法（Harold，1947）。TCM 通过旅行成本测量来估算旅游需求函数，从而间接衡量生态系统服务数量或质量变化为人们带来的经济效益。

TCM 的优势在于其是一种相对简单的方法，可以通过调查旅行者出行的相关费用来评估生态系统服务的价值，不需要复杂的模型和计算，易于理解和测量；而且通过测量旅行者愿意为享受生态系统服务支付的旅行费用，可以直接反映出生态系统对人类的价值，具有较强的实证性和可操作性；与市场价格法相比，旅行费用法能够更好地考虑非市场性的生态系统服务价值，如休闲、观光等，更全面地反映了生态系统对人类的价值。缺陷在于旅行费用法是基于旅行者的支付金额来评估生态系统服务的价值，这在一定程度上假设旅行者对生态系统服务的需求是弹性的，可能存在一定的局限性。

该方法主要评估步骤如下（薛明月，王成新，2020）：

（1）基础数据获取。通过问卷调查实地调研获取游客数据和消费行为特征，主要包括性别、年龄、收入、教育程度、客源地、交通工具、住宿餐饮花费以及旅游时间等。

（2）计算旅游率。一般以省级行政区为单位划分游客出发小区，计算旅游率。

$$R_i = \frac{(N_i/N)\ P_{\text{tot}}}{P_i} \times 100\% \qquad (4-13)$$

式中，R_i 为出发小区 i 到旅游景区的旅游率；N 为样本总数；N_i 为出发小区 i 的样本数；P_{tot} 旅游景区年末接待游客总量；P_i 为出发小区 i 的年末总人口数。

（3）计算各出发小区旅行费用。主要包括交通费用、住宿与餐饮费用、门票费用、其他额外消费费用。

（4）建模分析。将以上数据进行建模分析，求得旅游率与人均总旅行费用的拟合回归模型：

$$R_i = a + bT_{c,i} + cT_{tv,i} + dS_{aw,i} + eT_{p,i} \qquad (4-14)$$

式中，$T_{c,i}$ 为游客人均总旅行费用；$cT_{tv,i}$ 为人均旅游时间价值；$S_{aw,i}$ 为职工平均工资；$T_{p,i}$ 为出发小区 i 的总人口数；a、b、c、d、e 为系数。

（5）计算消费者剩余。建立追加费用与旅游人数回归模型并计算消费者剩余。根据旅游需求曲线，旅行费用与旅游人数呈现反比关系，即随着游客总旅行费用的增加，旅游人数呈减少趋势，旅游率随之减小。根据式（4-13）、式（4-14）得到游客追加费用和旅游人数的数据组，并对该数据组进行回归拟合得到对应的函数关系式，即旅游需求曲线方程，对其积分求得旅游景区的消费者剩余：

$$C_s = \int_0^{p_m} f(x)\,\mathrm{d}x \qquad (4-15)$$

式中，C_s 为消费者剩余；p_m 为旅游人数为 0 的追加费用值；$f(x)$ 为追加费用于旅游人数的关系式；x 为增加的总旅行费用。

（6）计算总的生态系统服务价值。即各出发小区的旅行总费用于消费者支出之和：

$$T_v = T_c + C_s \qquad (4-16)$$

2）HPM

HPM 是使用环境商品或服务的替代品的价格来衡量商品本身的非使用价值。它利用了生态服务与某种有交易价格产品的互补性来测量社会需求偏好，依据人们为了享受更加优质的生态环境所支付的价格来推算生态环境的非市场价值，通常应用于房地产市场分析中。通过构建模型，将生态系统服务的价值从房产的价格中"剥离"，进而核算生态系统服务的"价值"（佟玲玲等，2022）。

HPM 模型如下：

$$P = F(Z_1, Z_2, Z_3, \cdots, Z_n) \qquad (4-17)$$

式中，P 为替代品的价格（多为住宅、房产）；Z 为替代品的影响因子（如区位条件、房屋结构等）。

HPM 的拟合函数形式较为丰富，有线性函数、半对数函数、线性对数函数、二次函数、指数函数等（陈明，朱妍，2005）。一般需要根据各函数模型的拟合效果进行比较选择。

4.5.2.2　陈述性偏好法

陈述性偏好法主要根据被调查者在模拟市场中的交易行为实现非市场物品的价值评价，主要有条件价值法（contingent valuation method，CVM）和选择实验法（choice experiments，CE）两种类型。

1）CVM

CVM 最早于 1947 年由 Ciriacy-Wantrup 提出。CVM 是目前较为普遍使用的非市场价值评估方法。海岛生态系统服务缺乏具体的使用情境，CVM 在假想市场下，利用问卷直接调查和问询受访者为保存各项生态系统服务长期存在或保存未来可能使用的某项服务的权利的支付意愿来估算其价值。CVM 的优势在于可以获取即时性数据进行分析，而不受以往统计资料限制。CVM 的局限性在于仅能对单一属性的生态系统服务进行评价，且市场的虚拟性和受访者陈述的真实性均可能导致结果存在偏差。

CVM 具体计算公式如下：

$$T_{wtp} = WTP_n \times N_i \times P_i \qquad (4-18)$$

式中，T_{wtp} 为生态系统服务非市场价值；WTP_n 为受访者的人均支付意愿值；N_i 为研究区的居民数量或游客总量；P_i 为居民或游客的支付意愿率。

2）CE

CE 早期主要在市场分析中用于分析消费者对产品属性的选择偏好，此后被引进自然资源和生态系统服务价值评估领域。CE 通过构建假想市场，以问卷调查的形式，列举生态系统服务产品一系列不同属性和水平的组合，供受访者进行选择，而后，再根据受访者的选择结果，利用离散选择模型推算分析生态系统服务产品某一属性的价值和总价值。

与 CVM 相比，其优点在于可以分析不同特征人群对生态系统服务产品属性的偏好程度，适用于多属性、多水平决策；而且能为参与者提供生态系统服务不同属性状态的特征，获得更多的参与者信息，减少 CVM 的潜在偏差。缺陷在于其和 CVM 一样是基于假想市场下的问卷调查而非实际购买行为，研究结果的可靠性和科学性会受质疑。

在选择实验法中，一个完整的选择过程主要由决策者、备选方案集、方案属性以及决策准则四要素构成。CE 以问卷调查的形式收集数据，在让受访者选择备选方案集时，同时还需要收集受访者的社会经济属性数据（如收入、年龄、性别、学历、家庭组成、职业等），以更深入地挖掘受访者的选择行为（Tan et al.，2018）。

选择试验法是以随机效用理论的行为框架为基础，描述了在效用最大化框架下的离散选择。在一个选择集中，选择 i 选项获得的效用为（Train，2003；Inc，2015）：

$$U_{ni} = V_{ni} + \varepsilon_{ni} \qquad (4-19)$$

$$V_{ni} = x'_{ni}\beta \qquad (4-20)$$

式中，U_{ni} 为选择 i 选项的潜在效用；V_{ni} 为可观测效用部分，包括选项属性和个体特征；ε_{ni} 为不可观测效用部分，即随机误差项，代表不可观测因素对个体选择的影响。由于

存在随机误差项而无法准确预测效用，因此产生了选择的概率。对于所有 j 个选项，选择选项 i 的概率为

$$P_{ni} = Pr(U_{ni} > U_{nj}, \ \forall j \neq i) = Pr(\varepsilon_{nj} - \varepsilon_{ni} < V_{ni} - V_{nj}, \ \forall j \neq i) \quad (4-21)$$

对随机误差项 ε_{ni} 分布的不同假设形成了不同的模型，目前研究中较常用的有条件 Logit 模型（CL）和随机参数 Logit 模型（RPL）。CL 是选择试验模型的基础模型，它假定效用随机项服从独立同分布的 Gumbel 分布，则个人选择 i 选项的概率为（Train，2003）

$$P_{ni} = \exp(V_{ni}) \Big/ \sum_{k=1}^{K} \exp(V_{nk}) \quad (4-22)$$

RPL 模型是在 CL 模型的基础上发展起来的，RPL 模型放宽了 CL 模型的两个主要限制——个体选择偏好的同质性和无关选项独立性（IIA）。RPL 模型允许模型参数在个体之间随机变动，即表示同样社会经济特征的人的属性系数是不同的，具有解释异质性，更符合实际。RPL 模型的表达式如下（Train，2003）：

$$P_{ni} = \int \left\{ \exp(x'_{ni}\beta) \Big/ \sum_{k=1}^{K} \exp(x'_{nk}\beta) \right\} f(\beta) \, \mathrm{d}\beta \quad (4-23)$$

选择试验模型可以通过估计单个变量的边际价值变化来表示受访者为了得到更多的环境属性，愿意支付的金额即支付意愿（WTP），从而更加直观地解释受访居民对于滨海湿地属性的偏好差异。计算如式（4-24）所示：

$$WTP = -\left(\beta_{\text{attribute}}/\beta_{\text{payment}}\right) \quad (4-24)$$

式中，$\beta_{\text{attribute}}$ 表示该属性的系数；β_{payment} 表示价格属性的系数。

滨海湿地修复方案的非市场价值可以利用补偿剩余模型（CS）进行计算。计算公式如下：

$$CS = -\left(1/\beta_{\text{payment}}\right)(V_0 - V_1) \quad (4-25)$$

式中，V_0 表示现状效用函数；V_1 表示滨海湿地修复方案效用函数。

参考文献

陈明，朱妍，2005. 享乐定价法在房地产中的应用研究[J]. 延边大学学报（社会科学版）：56-61.

郭晶，2017. 海洋生态系统服务非市场价值评估框架：内涵、技术与准则[J]. 海洋通报，36：490-496.

佟玲玲，魏晓燕，宋秀华，等，2022. 基于享乐价格——结构方程双模型的西宁城市湿地生态系统服务价值及影响因素研究[J]. 生态学报，42：4630-4639.

李金昌，姜文来，靳乐山，等，1999. 生态价值论[M]. 重庆：重庆大学出版社.

谢高地，鲁春霞，冷允法，等，2003. 青藏高原生态资产的价值评估[J]. 自然资源学报，18（2）：

189-196.

徐中民，等，2000. 当代生态经济的综合研究综述[J]. 地球科学进展，15(6)：688-694.

薛明月，王成新，2020. 基于旅行费用法的泉水型旅游景区游憩价值评估——以济南市趵突泉景区为例[J]. 济南大学学报(自然科学版)，34：62-68.

CAIMS J，1997. Defining goals and conditions for a sustainable world [J]. Environmental Health Perspective，105：1164-1170.

CIRIACY-WANTRUP S V，1947. Capital Returns from Soil-Conservation Practices[J]. Journal of Farm Economics，29：1181-1202.

COSTANZA R，AGRE A R，GROOT R D，et al.，1997. The value of the world's ecosystem and natural capital [J]. Nature，387：253-260.

DAILY G C，1997. Nature's services：societal dependence on natural system[M]. Washington DC：Island Press.

GROOT R S，WILSON M，BOUMANS R，2002. A typology for the description，classification，and valuation of ecosystem functions，goods and services [J]. Ecological Economics，41(3)：393-408.

HAROLD H，1947. The economics of public recreation. Washington：The Prewitt Report，National Parks Service.

INC S I，2015. SAS/ETS © 14. 1 User's Guide. SAS Institute Inc，Cary，NC.

MILLENNIUM ECOSYSTEM ASSESSMENT (MA)，2003. Ecosystems and human well-being：A framework for assessment[R]. Washington DC：Island Press.

TAN Y，LV D，CHENG J，et al.，2018. Valuation of environmental improvements in coastal wetland restoration：A choice experiment approach[J]. Global Ecology and Conservation 15：e00440.

TRAIN K E，2003. Discrete Choice Methods with Simulation[M]. Cambridge University Press，UK.

第5章 海岛生态保护与可持续利用技术研发

5.1 海岛规划设计研究

随着我国海岛开发活动的增加，海岛对国民经济的贡献率不断提升。党中央、国务院非常重视我国海岛保护与管理工作，多次对我国海岛保护和开发利用做出重要批示，要求对海岛的开发、建设、保护和管理进行规划，《中华人民共和国海岛保护法》的颁布实施，则为有关工作提供了法律依据。

5.1.1 耗散结构理论在海岛规划中的应用研究

海岛生态–环境系统具有典型的耗散结构。基于耗散结构理论的海岛生态–环境管理系统的评价流程如图5-1所示，具体可分为资料准备、系统评价、管理改进三个阶段。

(1)资料准备阶段：集成预评价的海岛生态–环境及其周边区域相关的资料信息，并将资料进行分类整理、筛选，建立基于耗散结构理论的海岛生态–环境评价指标体系。

(2)系统评价阶段：在明确具体评价区域边界的基础上，对评价指标相关资料进行分析，结合海岛生态–环境系统物质流、能量流、信息流输入输出情况，对指标数据进行计算，分析其特点及熵变情况。

(3)管理改进阶段：整理归纳评价结果，并根据评价结果构建海岛生态–环境管理系统，改进生态–环境系统的不足。

针对海岛生态–环境系统特征，本书选择从环境指数、生物活性、景观生态、废弃物处置四个方面入手，集中国内外研究中出现频率较高的指标进行分析筛选，选择了12个代表性较强的指标，确定其分级范围，搭建完整的海岛生态–环境系统评价的指标体系，见表5-1。

海岛负熵流的计算公式：

$$S_e = \sum_{j=1}^{n} K_j S_j \tag{5-1}$$

式中，j为影响海岛生态–环境系统产生负熵的各种因素，如新的海岛生态–环境体制、

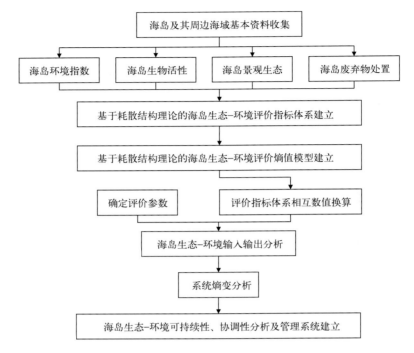

图 5-1　海岛生态-环境管理系统评价流程

表 5-1　海岛生态-环境系统评价指标体系

	指标层	单位	病态	不健康	亚健康	健康	很健康
环境指数	地表水综合指数	无量纲	>1.25	1.25~1.0	1.0~0.75	0.75~0.5	<0.5
	海域水体富营养指数		>1	1.0~0.75	0.75~0.5	0.50~0.25	0~0.25
	沉积物综合指数		>1.25	1.25~1.0	1.0~0.75	0.75~0.5	<0.5
	贝类体内重金属综合指数		>1.25	1.25~1.0	1.0~0.75	0.75~0.5	<0.5
	植被覆盖率	%	<10	10~30	30~50	50~70	>70
生物活性	叶绿素 a 含量	mg/m³	<1 或 >5	1~1.5 或 5~4.5	1.5~2 或 4.5~4.0	2~2.5 或 4~3.5	2.5~3.5
	潮间带底栖生物种类数变化率	%	>50	50~40	40~30	30~20	<20
	关键物种数量减少率	%	>10	10~7.5	7.5~5.0	5.0~2.5	<2.5
景观格局	自然性	%	<10	10~30	30~50	50~70	>70
	破碎度	无量纲	1.0~0.8	0.8~0.6	0.6~0.4	0.4~0.2	0.2~0
废弃物处置	工业三废处理率	%	<60	60~70	70~80	80~95	>95
	生活三废处理率	%	<20	20~40	40~60	60~70	>70

有利的海岛生态–环境政策、海岛生态–环境自组织形式、有效的管理措施等；K_j 为海岛生态–环境系统导入的负熵中各种影响因素的权重；S_j 为各种影响因素的负熵值。

$$S_i = - K_B \sum_{j=1}^{n} P_j \ln P_j \qquad (5-2)$$

式中，S_i 为各种影响因素所产生的熵值；K_B 是海岛生态–环境熵系数，在此定义为海岛生态–环境系统所处的特定行为中，每增加单位效率所追加的管理成本值，即管理系统比例 $\Delta C / \Delta E$；j 为海岛生态–环境系统的每个影响熵值因素中的子因素；P_j 为每个子因素影响海岛生态–环境系统熵值变化的概率，满足 $\sum_{j=1}^{n} P_j = 1$。上述公式可计算出在引入的负熵中各影响因素所产生的负熵值。

整个海岛生态–环境系统的总熵，是由海岛生态环境系统内部的熵和外界吸取的负熵的加总求和取得的，计算公式为 $S_{总} = S_i + S_e$。

耗散结构理论认为，系统要想稳定、有序地发展，必须从外界不断吸收物质与能量，使"熵源"变为负值，而且绝对值应接近于系统本身不可逆过程引起的"熵增加"，这时系统"总熵"逐步减少，无序程度降低，使系统由无序趋向新的有序。因此，只有 $S_{总} < 0$ 时，海岛生态–环境系统的耗散结构才能形成，即要使海岛生态–环境系统的总熵值负熵值化。

通过对海岛生态环境–系统总熵的计算，使之应用于海岛规划设计中，使海岛在规划设计后的开发利用活动中海岛生态–环境系统的负熵流增加，保证海岛生态环境系统健康有序发展。

5.1.2　层次分析法和模糊综合评价法在海岛保护规划中的应用研究

5.1.2.1　方法适用性分析

1）层次分析法适用性分析

层次分析法（AHP）是美国运筹学家、匹兹堡大学的萨迪（T. L. Seaty）教授于 20 世纪 70 年代初提出的一种实用多准则决策方法，把一个复杂的问题表示为有序递阶层次结构，通过人们的判断并利用数学方法对决策方案的优劣进行排序。这种方法能够统一处理决策中的定性与定量因素，而且具有实用性、系统性、灵活性和简洁性等优点。该方法最重要的关注点是各类指标按照重要性的顺序、层层递进的结构关系、程度划分的标准原理和重要程度的排序。根据某个系统独有特性勾勒出内在功能联系，使因素之间既相对独立又相互存在关联，内部的对立统一建立出相互之间的层次，再根据层次的递进情况，上下层之间比较重要性程度，通过建立权重判断矩阵对所列内在因素进行重要性排序。这种实用、高效、层次感分明的分析方法对某些量化难度较高的因素能够得到相对完善的处理，但其重要性程度是按照某个数值来确定的，所有数值之间的间隙和度量较难把握，无法准确构建其微分结构。

层次分析法旨在对错综繁琐的统筹决策问题目标、影响因素及其本质逻辑关系等深度剖析的基础上，采用少量定量外界影响因素使决策推演过程化、可定量描述化，进而实现将各种目的、结果、多样的准则或表面无序特性的繁琐决策问题转化为简便的决策方法，尤其适合于对决策结果难于直接准确计量的场景。层次分析法把决策问题按总目标、各层子目标、评价准则甚至具体实施方案分解为不同的层次结构，然后通过求解判断矩阵特征向量，求得每一层次的各元素的优先权重，最后再加权求和形成逐级汇总各方案或者因素对总目标的最终权重，最终权重大者为最优方案。

层次分析法的指标体系一般包括目标层、指标层、因子层共 3 个层次。海岛开发保护类型受人类活动和自然条件的共同影响，评价指标体系需包括此两大类多个要素，体现了层次分析法对海岛开发保护类型评价的适用性。

2) 模糊综合评价法适用性分析

模糊综合评价是以模糊数学为基础，应用模糊关系合成的原理，将一些边界不清、不易定量的因素定量化并进行综合评价的一种方法。通过构造等级模糊子集将反映被评价事物的模糊指标进行量化，确定隶属度，然后利用模糊变换的原理对各指标进行综合分析。该方法的优点在于能够方便地将定性指标定量化，很好地解决了判断的不确定性问题。

模糊综合评价能对蕴藏信息呈现模糊性的资料作出比较科学、合理、贴近实际的量化评价。评价结果是一个矢量，带有一定的方向性，而不是一个点值，包含的信息比较丰富，既可以比较准确地刻画被评价对象，又可以进一步加工，得到参考信息。海岛开发保护类型评价因素较为复杂，建立的指标体系结构也相对复杂。因此，适合运用模糊综合评价法，构建模糊综合评价法模型。

近年来层次分析法被越来越多地应用于城市土地分级、海涂开发、跨海工程选址、区域土地可持续利用评价等领域，本研究主要利用层次分析法结合模糊综合评价法进行海岛管理研究，并以温州市海岛为例对海岛开发保护分类进行探讨。

5.1.2.2　研究方法和分类评价步骤

1) 构建评价指标体系

遵循层次性、完备性、可行性、可操作性和独立性的原则，参考相关规范标准、前人研究成果以及实践经验进行综合分析，选取自然条件、区位条件、开发现状等 5 个一级因子以及面积、岛陆距离、道路建设等 12 个二级因子，构建评价指标体系，即因素集 U(图 5-2)。

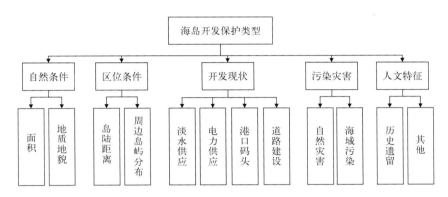

图 5-2　海岛开发保护类型评价指标体系

2) 确定指标权重

权重集 A_i(i=1，2，3，4，5)，A_1—A_5 分别表示自然条件、区位条件、开发现状、污染灾害和人文特征因素中各个因子的指标权重。采用层次分析法确定指标权重，把一个复杂的问题表示为有序递阶层次结构，通过人们的判断并利用数学方法对决策方案的优劣进行排序，根据 1—9 标度法对各层因子的重要性进行两两比较构造判断矩阵，得到各层指标的权重。以开发现状因素为例，其中包含 4 种二级因子，构建因素分析表(表 5-2)。

表 5-2　海岛开发现状因素

项目	淡水供应	电力供应	港口码头	道路建设
淡水供应	1	1	1/2	3
电力供应	1	1	1/2	3
港口码头	2	2	1	4
道路建设	1/3	1/3	1/4	1

得到判断矩阵：

$$C = \begin{bmatrix} 1 & 1 & 1/2 & 3 \\ 1 & 2 & 1/2 & 3 \\ 2 & 2 & 1 & 4 \\ 1/3 & 1/3 & 1/4 & 1 \end{bmatrix} \quad (5-3)$$

经计算，矩阵最大特征根 $\lambda_{max} = 4.021$，归一化特征向量 $A_3 = (0.24, 0.24, 0.43, 0.09)$，一致性比例 $CR = 0.008 < 0.1$，满足一致性检验，权重分配合理。根据计算结果，开发现状因素下淡水供应、电力供应、港口码头和道路建设的因子权重分别为 0.24、0.24、0.43、0.09，以此类推计算各层因素因子权重，通过单排一致性检验和总排一致性检验得到最终评价指标权重分配表(表 5-3)。

表 5-3　海岛开发保护类型评价指标权重分配

评价因素	权重	评价因子	权重
自然条件	0.39	面积	0.50
		地质地貌	0.50
区位条件	0.23	岛陆距离	0.50
		周边岛屿分布	0.50
开发现状	0.21	淡水供应	0.24
		电力供应	0.24
		港口码头	0.43
		道路建设	0.09
污染灾害	0.12	自然灾害	0.75
		海域污染	0.25
人文特征	0.05	历史遗迹	0.75
		其他	0.25

3) 建立评判集

将开发保护类型分为优化开发类、重点开发类、一般保护类和特殊保护类，对应评判集 $V = \{V_1, V_2, V_3, V_4\}$。

4) 专家评价打分

邀请该领域专家若干，分别对每个海岛的每个指标进行评价，根据专家打分结合概率论得到因子隶属度向量，形成因素隶属度矩阵 R_j：

$$R_j = \begin{bmatrix} r_{11} & r_{12} & \cdots & r_{1m} \\ r_{21} & r_{22} & \cdots & r_{2m} \\ \cdots & \cdots & \cdots & \cdots \\ r_{n1} & r_{n2} & \cdots & r_{nm} \end{bmatrix} \quad (5-4)$$

以浙江省温州市灵昆岛的开发现状为例，灵昆岛设有 9 个行政村、共 39 个自然村；有大陆饮水工程连接至岛上，电力充足；南有海思码头，北有北段、单昆 2 个码头，交通便捷。综合专家打分，得到淡水供应因子的隶属度向量为(0.67，0.33，0，0)，电力供应因子的隶属度向量为(0.67，0.33，0，0)，港口码头因子的隶属度向量为(1，0，0，0)，道路建设因子的隶属度向量为(1，0，0，0)，则开发现状的单因素隶属度矩阵为 R_3：

$$R_3 = \begin{bmatrix} 0.67 & 0.33 & 0 & 0 \\ 0.67 & 0.33 & 0 & 0 \\ 1 & 0 & 0 & 0 \\ 1 & 0 & 0 & 0 \end{bmatrix} \qquad (5-5)$$

5）计算综合评判（综合隶属度）向量

评判结果 $B = A \cdot R$，"·"为模糊算子，本次评判选用相乘求和算子计算单层次评价结果，最终进一步得到多层次评价结果 $B_多 = (V_a, V_b, V_c, V_d)$；由最大隶属度原则，$V_x = \max\{V_a, V_b, V_c, V_d\}$，$V_x$ 所对应的类型即为该海岛的开发保护类型，隶属度相同或相近的则由海岛其他相关资料决定其具体类型。

根据 5 个因素的隶属度矩阵，计算灵昆岛单层次评价结果和多层次评价结果，得到表 5-4。从评价结果中看出，最大值 0.75 在优化开发区间，根据模糊数学最大隶属度原理，灵昆岛属于优化开发类。

表 5-4　灵昆岛开发保护类型评价

二级因子层		优化开发类	重点开发类	一般保护类	特殊保护类
自然条件 R_1	面积	1.00	0.00	0.00	0.00
	地质地貌	1.00	0.00	0.00	0.00
区位条件 R_2	岛陆距离	1.00	0.00	0.00	0.00
	周围岛屿分布	0.00	0.00	1.00	0.00
开发现状 R_3	淡水供应	0.67	0.33	0.00	0.00
	电力供应	0.67	0.33	0.00	0.00
	港口码头	1.00	0.00	0.00	0.00
	道路建设	1.00	0.00	0.00	0.00
污染灾害 R_4	自然灾害	0.67	0.33	0.00	0.00
	海域污染	0.00	0.00	0.67	0.33

续表

二级因子层		优化开发类	重点开发类	一般保护类	特殊保护类
人文特征 R_5	历史遗迹	0.00	1.00	0.00	0.00
	其他	0.67	0.33	0.00	0.00
一级因素层（单层次评价）					
自然条件		1.00	0.00	0.00	0.00
区位条件		0.50	0.00	0.50	0.00
开发现状		0.84	0.16	0.00	0.00
污染灾害		0.50	0.25	0.17	0.08
人文特征		0.17	0.83	0.00	0.00
多层次评价		0.75	0.11	0.14	0.00

5.1.2.3　岛群开发保护分类研究

根据以上方法，本书将海岛划分为 4 种岛群类型，即优化开发类岛群、重点开发类岛群、一般保护类岛群和特殊保护类岛群。目的在于建立有序高效的海岛保护综合管理体系，实现海岛动态监管科学、合理、规范化，形成符合可持续发展要求的海岛保护与利用格局；使海岛及其周边海域的稀缺性资源、生态系统、生态环境得到全面保护与改善；使海岛优势资源、潜在资源得到有序、合理利用与开发。

1）优化开发类岛群

优化开发类岛群内的海岛主要功能规划为港口与工业类，同时应根据各片区海岛具体情况，因岛制宜，优化海岛开发模式。

以浙江省温州市管辖岛群为例，温州市优化开发类岛群主要包括苍南霞关东部南关岛群、苍南霞关东部北关岛群、苍南鳌江口门琵琶山岛群、苍南鳌江口门冬瓜山屿岛群、瑞安大北列岛北龙岛群、乐清湾白沙岛岛群、龙湾灵昆岛、洞头本岛岛群、洞头大门岛岛群、洞头小门岛岛群和洞头霓屿、状元岛群 11 个岛群，共包含海岛 233 个。本区内海岛数量众多、港口资源丰富，包含许多有居民大岛，岛群内海岛旅游资源丰富，岛上有独特景观资源，周边海域渔业资源较为丰富；部分海岛与陆地距离较近且周边水深良好，适合发展港口与工业类。

2）重点开发类岛群

重点开发类海岛是指资源环境承载能力较强、目前开发程度不高、具有较大开发潜力，但基础设施和旅游设施不完善的海岛。

温州市重点开发类岛群主要包括苍南大渔湾尖石头片屿岛群、苍南大渔湾官山岛群、苍南大渔湾顶草峙岛群、瑞安北麂列岛冬瓜屿岛群、瑞安北麂列岛北麂岛岛群、乐清湾口门岛群、洞头竹屿岛群、平阳西湾东部杨屿山岛群、平阳西湾东部上头屿岛群、平阳西湾东部凤凰山岛群 10 个岛群，共包含海岛 223 个。本区内海岛旅游资源丰富，岛上有独特景观资源，周边海域渔业资源较为丰富，部分海岛具有较高科研价值，且部分海岛距离陆地较近，适合发展港口与工业类。

3）一般保护类岛群

一般保护类海岛是指生态环境敏感、自然环境承载能力较弱、对整体海域生态安全具有较大影响、目前暂未确定主导功能或地形地貌不适合进行大规模开发建设的海岛，此类海岛更注重保护。

温州市一般保护类岛群主要包括洞头大瞿岛岛群、洞头半屏南策岛群、洞头本岛东部沿岸岛群、洞头鹿西岛岛群 4 个岛群，共包括海岛 130 个。本区内海域渔业资源丰富，部分海岛有独特的景观资源，宜发展休闲渔业和旅游业。

4）特殊保护类岛群

特殊保护类海岛是指生态功能重要，具有重要海洋生态价值、海洋权益价值、国防安全价值，但本身或其周边海域生态环境较为脆弱、对外界干扰承受能力较低、系统稳定性差、不宜进行高强度开发活动的海岛，需执行特殊保护与管制措施。

温州市特殊保护类岛群主要包括苍南七星岛群、乐清湾西门岛群、洞头南北爿山岛岛群、瑞安大北列岛铜盘山岛群、平阳南麂列岛北岛群、平阳南麂列岛中岛群、平阳南麂列岛南岛群 7 个岛群，共包括海岛 130 个。

5.1.3　GIS 技术在海岛规划设计中的应用研究

无居民海岛保护与利用规划的核心是注重生态环境的保护与海岛资源的合理开发利用，在规划时应根据无居民海岛不同区域的现状特点采取有针对性的规划设计。GIS 作为传统学科和现代学科相结合的产物，形成了一个集计算机硬件、软件和数据处理过程为一体的系统，其强大的空间分析、三维可视化功能、数据管理功能，在无居民海岛这种交通不便且地形复杂的区域可以得到广泛应用。通过 GIS 技术的各项分析处理功能，应用于无居民海岛地形空间数据的建立、三维地形分析、叠加分析评价、功能分区和保护利用规划。通过无居民海岛本底资源调查、数据归纳处理、生态适宜性分析评价以及在 GIS 分析基础上综合运用景观生态学、可持续发展等理论，研究无居民海岛功能分区和开发利用保护，从而更加科学合理地开展无居民海岛保护与利用规划分析研究。

5.1.3.1　前期本底调查

无居民海岛本底调查内容主要包括岛陆地形测量、海岛自然生态状况、开发条件与开发现状的调查、人文和自然遗迹资源的调查等。这些基础资料的调查数据可以通过 GIS 进行收集处理。

1) 岛陆地形测量

前期需对海岛地形开展测量工作，外业通过无人机航空测量技术以进行地面影像资料及数据采集，内业通过无人机影像处理软件与摄影测量方法建立测区数字高程模型（DEM）、数字正射影像（DOM）。

现场踏勘：在利用无人机进行航飞作业之前，先要进行测区踏勘以便对整体测区进行充分的了解，以保证航飞作业顺利安全完成。现场踏勘主要是观察分析测区地形地物的分布和起伏情况，以此来确定一个合理的飞行高度，确保无人机航飞不出现安全事故，同时要兼顾无人机飞行的作业效率和相机的地面采样距离分辨率。现场踏勘也要观察记录测区附近是否存在强磁场或电场等干扰源，航线规划时应尽量避免这些干扰源的影响，以免影响无人机的正常工作。

布设像控点、检查点：外业实测时，在测区的四周及中间均应布设像控点，且控制点要合理均匀地分布。同时，像控点布设完成之后，还需要随机采集必要的检查点用于对测绘成果进行精度检验。

无人机航摄：在前期准备工作完成之后，即可进入航线飞行模块部分。首先将测区导入无人机遥控器，测区的范围可以提前规划然后直接导入，或现场规划。然后输入设计的航高、重叠率和曝光参数等，无人机系统将自动计算出飞行的速度以及生成航线。航线的飞行方向需要根据风向等外界因素和飞行效率手动来合理设置调整。所有参数设置好后，即可将任务上传至飞控模块，启动无人机自主飞行执行任务。

内业处理和精度评估：内业数据处理主要包括地形模型生成和精度计算评估两大部分。处理流程如下：将拍摄的相片带回室内，剔除图像模糊和重叠率不够的相片，然后借助摄影测量软件进行地形建模，生成 DOM、DEM 等产品，利用控制点将高程改正至 1985 国家高程。

2) 自然生态情况调查

调查主要包括海岛的地理位置分布、区域地质、地貌特征、植被特征、水资源分布与特征、气候类型、动植物类型与分布等，以便全面整体地掌握无居民海岛的生态状况。

3) 开发利用情况调查

通过遥感解译、实地测量获取无居民海岛开发利用现状的位置、分布、规模等信息，分析海岛交通条件、给排水条件、电力供应、通信条件等开发利用现状情况。调查海岛自然和人文遗迹类型、分布、开发利用和保护状况等，对自然遗迹和人文遗迹的位置、规模进行测量，分析自然遗迹和人文遗迹的保存状况。通过开发利用现状调查，全面掌握无居民海岛的总体利用情况。

5.1.3.2　数据处理与空间数据库建立

1）数据的收集

利用 GIS 技术的辅助分析，在海岛本底调查资料的基础上，进行海岛地形表面分析和各数据的分类与整理，归纳所需研究数据，然后在此基础上进行数据处理和分析。

2）数字高程模型建立

数字高程模型是适用于描述地形高低起伏特征的数据模型，利用相关的数据分析，进而获取海岛地理信息因子的数据信息。通过岛陆无人机测量可获取无居民海岛 DEM 数据，利用 GIS 的三维分析功能建立三维模型，通过 TIN 数据的表面分析，建立坡度、坡向、高程等地形数据叠加分析，可进行海岛生态适宜性评价分析，为海岛规划提供直观和科学的分析基础。

3）空间数据库建立与数据整合

利用地理信息系统强大的空间图形数据和属性数据管理能力、多源数据综合分析能力和空间分析功能建立海岛空间数据平台，进行综合管理分析无居民海岛基础数据，从而为保护与开发利用无居民海岛提供科学的判断、决策依据。

无居民海岛空间资源数据的整合首先将多源异构数据从时间尺度上进行划分，分为现状数据和历史数据，然后将不同时间尺度的数据通过不同精度的空间数据整合、格式转换、坐标转换和属性整合处理后，导入 GeoDatabase 数据库进行存储，最后对整合后的数据进行分析评价。

（1）空间数据精度、坐标系、格式的整合。

海岛基础数据整合的关键就是空间精度的整合、数据空间基准统一和数据格式统一。

空间精度整合。空间数据精度主要取决于测量精度和图形精度。由于测量误差的广泛存在、操作人员经验水平的差异和时空尺度的不同，不同来源的同一区域的空间位置会有一定的差别，导致区域的空间位置在图形上的不一致。对于这种不一致，需要通过数学手段来消除，从而实现不同精度的空间数据的整合。

数据空间基准统一。目前数据常用的坐标系有 CGCS2000 坐标系、1954 年北京坐标系、1980 年西安坐标系等。如果要把数据整合到一起，必须将不同坐标系的坐标通过坐标转换模型转换到同一椭球基准、同一投影方式和分带方式的坐标系中。

数据格式统一。常用的数据格式主要是 TAB、Shapefile 和 MDB。

（2）数据的属性数据整合。

空间数据将通过属性表中属性项单位的统一、属性项类型和长度的统一以及属性数值小数位数的控制，来达到对属性数据的规范化和标准化管理。同时，规范化的数据也减小了属性数据在进行整合变换时的精度损失。

通过收集的数据和相关资料，运用 RS 和 GIS 空间分析手段，对海岛主要基础数据进行整合和提取分类，结合现场调研，摸清海岛的基本情况。

4) GIS 空间分析

对现场测量调查和其他不同来源数据进行空间叠加分析，并进一步综合分析海岛的资源和开发利用情况分布特征。对于收集的栅格图像，可在 ArcGIS 平台下完成相关图像的矢量化工作。

5.1.3.3　海岛生态适宜性因子分析

海岛生态适宜性评价的技术思路是考虑到不同的生态因子对海岛生态保护和利用的影响，尽可能地选取代表性因子。生态适宜性评估因子的选择将综合考虑对海岛生态和开发利用有影响的因素，主要选取坡度、坡向、高程、地形起伏度、NDVI、自然岸线等因素。通过对上述因子各项数据进行重分类，对不同生态因子进行等级赋值，利用 GIS 技术中的叠加分析对生态适宜性评价中的各个因素进行分析，然后综合分析海岛中的生态适宜性等级，以此来分析海岛不同区域的生态适宜性程度。具体的技术路线如图 5-3 所示。

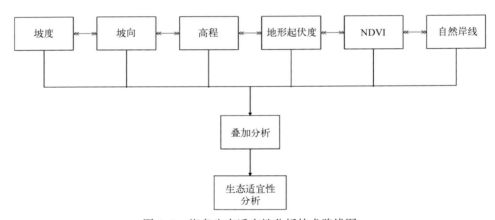

图 5-3　海岛生态适宜性分析技术路线图

1) 坡度分析

坡度在地理学中是用来表示地表单元上的高度变化率的量度，其含义是指地表面任意一点的切平面与水平地面之间的夹角。坡度分析在海岛规划中，对其地形地势、开发建设等分析都有很大的作用。由于坡度差异，区域内资源的利用形式和规划特点也存在差异，所以在对无居民海岛进行保护与利用规划时，就必须分析海岛的地形坡度分布状况，了解地形变化的特征。坡度是海岛生态适宜性评价方面的重要因子，是分析保持海岛整体生态环境必须要考虑的因素。

2）坡向分析

坡向是地形地貌分析中另一个重要指标，坡向为坡度的方向。可以分析不同坡向，从而根据所处的经纬度提取出适宜开发利用区域或保护区域适宜的坡向，对海岛规划中开发利用区域的布设提供合理的分析研究依据。

在同一规划区域内，海岛坡地受到的日照时间、风向等因素的影响，因其所在地理位置的坡向不同而有所不同。利用 GIS 通过 DEM 数据提取坡度信息，分析海岛的坡向图，可得到对应方向的高差，可以更方便地对地形的坡向进行分析研究。

3）高程分析

高程分析在海岛规划中有很大的作用，高程分析就是以地理等高线的方式规则按一定的等间距分成若干组，并用分层设色法来区分地块高程值、最高高程和最低高程等信息。DEM 数据利用等高线、高程点等作为原始数据，利用常用输入数据类型和高程表面的已知特征，利用 DEM 可以复原实际的地貌特征。基于 GIS 技术的高程分析可以明显地看出高程值逐渐变化的趋势，以显示整个海岛的高程变化状况，从而对把握海岛的地形地貌有一个直观的了解。

4）地形起伏度

地形起伏度指标反映了指定区域的地形起伏的程度，用区域最高点和最低点的差值表示起伏度指标，是对区域地形变化的一个定量的描述指标。指标值越大，说明区域的地势起伏越大，高低落差明显，开展开发利用难度高、成本大，而且地形起伏较大的地区恰恰是体现无居民海岛地貌景观集中区域，一般不适合开发利用，而适宜重点保护。地形起伏度可使用 ArcGIS 的邻域计算模块，计算邻域栅格的最大统计值和最小统计值，并利用栅格计算器计算地形起伏度。

5）NDVI

由于海岛隔离度高，可达性差，利用卫星遥感技术手段对海岛植被进行调查。归一化差值植被指数（NDVI）是最常用的表征研究区域的植被生理状况的参数，通过测量近红外（植被强烈反射）和红光（植被吸收）之间的差异来量化植被。可利用 NDVI 评价海岛植被覆盖情况。

（1）数据源选择：

● 卫星遥感影像应至少具有近红外和可见光红光两个波段，影像分辨率不低于 15 m；

● 遥感影像云层覆盖度应少于 5%，且监测海岛区域无云覆盖；

● 选择每年的 3—9 月，植被生长期的影像。

（2）遥感影像预处理：

- 辐射定标：将原始 DN 值转化为辐亮度值；
- 大气校正：根据卫星类型选用相应的大气校正算法，经大气较正后得到水体的遥感反射率和归一化离水辐亮度；
- 几何校正：准确度不低于 1 个像元。

（3）得到海岛遥感影像：利用海岛岸线矢量对遥感图像进行裁剪。去除周边海域背景，得到海岛范围内的遥感影像。

（4）计算海岛 NDVI：

NDVI 的计算公式如下：

$$NDVI = (NIR - R)/(NIR + R) \qquad (5-6)$$

式中，NIR 为近红外波段的反射率；R 为红光波段的反射率。

6）自然岸线

海岛自然岸线一般分布有经过长期地貌演变形成的海蚀景观，自然岸线对于维护岛体的稳定起到重要的作用。《中华人民共和国海岛保护法》中规定了无居民海岛开发利用应当限制建筑物设施与海岸线的距离。根据国家的用岛政策规定，无居民海岛开发利用中，将对海岛自然岸线属性的改变纳入了评估用岛方式级别的重要指标，对自然岸线影响越大，缴纳的海岛使用金的额度也会越高。目前，国家开展和美海岛创建工作，对海岛自然岸线保有率也提出了明确的指标。以上都说明了对于海岛自然岸线应该重点保护、限制利用。

5.1.3.4　基于 GIS 的海岛生态适宜性评估

1）单因子评估

（1）坡度。坡度较为陡峭的地方，往往是陡崖，展现了海岛的险峻地形地貌，需要重点保护。而在坡度起伏平缓的地方较为适宜开展适度的开发利用，可以减少开发利用成本。而且坡度越大的区域，发生地质灾害的可能性越高，一般 25°以上的低丘缓坡土地资源不适宜开发。对于海岛可按照以下分级对坡度进行划分：平坡地（小于 5°）为生态适宜区；缓坡地（5°~15°）为较高生态适宜区；陡坡地（15°~25°）为中生态适宜区；极陡坡地（25°以上）为低生态适宜区。可在 ArcGIS 中通过 DEM 生成坡度图，对坡度进行重分类，按照适宜性等级，给生态适宜区赋值 1，较高生态适宜区赋值 2，中生态适宜区赋值 3，低生态适宜区赋值 4。

（2）坡向。坡向分析可通过 ArcGIS 的表面分析工具进行，从 0 正北向开始顺时针到 360 分别为东、南、西、北共四个主要对方位，具体分为东、南、西、北、东南、西南、东北、西北共八个基本方向。坡向的选取则根据前期的地形地貌分析，进行重分类，对应相应的生态适宜性等级。坡向会影响海岛植物和建筑选址，坡向的差异使区域内接受的日照时长和阳光照射的程度都存在差异，地表温度也会表现出较大差异，对生态适宜性的高低也会起到一定干扰，一般海岛上的开发利用适宜选在坡向南向、东南向、西南向、东向的区域。

（3）高程。利用 ArcGIS 通过对等高线的提取分析，得到海岛地区的高程分析图。GIS 技术对等高线的分析是根据不同海岛的最高点数据结合实际情况，按照不同的数值上下波动划分成几个部分，每个部分则用不同的符号和颜色来形成差别，颜色越冷代表高程较低，暖色调则代表高程较高的地带。通常可以采用 5~20 m 的数据进行分级。

（4）地形起伏度。地形起伏度可重分类为四个级别。按照以下分级对坡向进行划分：地形起伏缓和（0~15 m），生态适宜区；地形起伏一般（15~30 m），较高生态适宜区；地形起伏较大（30~45 m），中生态适宜区；地形起伏剧烈（45 m 以上）为低生态适宜区。按照适宜性等级，给低生态适宜区赋值 4，中生态适宜区赋值 3，较高生态适宜区赋值 2，生态适宜区赋值 1。

（5）NDVI。NDVI 可利用自然断点法，根据 NDVI 数值将海岛划分为三个区域，分别为高覆盖区域、中覆盖区域和低覆盖区域。一般将高覆盖区域、中覆盖区域划定为海岛保护区。

（6）自然岸线。对于海岛自然岸线指标，生态适宜性只划分一个级别，使用 ArcGIS 的缓冲区分析功能，以自然岸线为基准，向陆一侧规定距离自然岸线 20 m 以内的区域，应限制开发利用，属于低生态适宜区，重点加强保护。

2）因子叠加评估

基于 GIS 对上述因子赋值后进行叠加分析，可得到生态适宜性分级图。生态适宜性程度越低的区域，分值越高越应该得到保护，避免遭到人为的破坏；对于生态适宜性相对较高的区域，可在保护的基础上开展适度的开发利用（表 5-5）。

表 5-5　生态适宜性因子赋值表

评价等级	等级赋值	坡度	坡向	高程/m	地形起伏度/m	NDVI	自然岸线/m
生态适宜区	1	<5°	南	0~10	0~15	0	≥20
较高生态适宜区	2	5°~15°	东南、西南、东	10~20	15~30	低覆盖区域	—
中生态适宜区	3	15°~25°	东北、西北、西	20~30	30~45	中覆盖区域	—
低生态适宜区	4	>25°	北	>30	>45	高覆盖区域	<20

5.1.3.5　基于生态适宜性的功能分区

根据基于 GIS 的生态适宜性等级分析，通过对各评价因素和各项生态因子的综合分析确定海岛的生态适宜性分区，包括生态适宜区、较高生态适宜区、中生态适宜区和低生态适宜区。根据生态适宜性分区情况，一般将生态适宜性较高的区域划分为海岛的开发利用区，将生态适宜性较低的区域划为海岛的重点保护区。

1）重点保护区

为海岛生态适宜性较低的区域，通常是高程数值较大，海拔在人们不宜到达的区域，且动植物种类丰富，整体生态环境原生性较好，应该重点保护规划，严禁开发利用。在规划时需加强保护力度，生态保护区以保护为目的，对于该区域应尽量保留海岛自然原生态特点。

2）开发利用区

为海岛生态适宜性较高的区域，该区域主要是指生态环境较不敏感的地区和适宜开发利用的区域，该地区内可适度开展对海岛生态影响较小的人为活动，比如游步道、小型景观建筑等。开发利用区内规划要考虑对后期海岛生态环境的保护，做到资源的优化配置，可持续开发利用，生态效益和经济效益兼顾。

在利用生态适宜性等级评价分析的基础上，为海岛保护规划中功能分区提供重要依据。基于 GIS 技术的叠加辅助分析，得到的数据更加科学，并合理地加以利用，使海岛规划更加科学合理，功能分区的科学准确性更高。

5.1.3.6　基于 GIS 海岛三维动态监测

通过应用 GIS 技术的数据收集和处理分析功能，准确而快速地掌握海岛复杂地形地貌，采用三维动态模拟技术生成三维效果图可以模拟海岛的整体景观，可以从整体把握海岛的现状，便于对海岛进行常态化监测。

三维动态演示首先实现了空间定点观测（如观测点选择的适宜性、空间分析的间断性等）；其次，可以不间断通过视线的变换来实际逼真地体验三维虚拟环境。此外，可将生成的动态漫游以 AVI 格式输出，为后期的保护与利用方案决策提供相关的展示资料。通过运用 GIS 技术在对海岛进行规划的过程，利用评价法和叠加分析法以及三维效果分析等方法，对海岛生态资源进行分析保护。通过对这些分析方法的数据分析，结合计算机的数据编程技术，建立相应的保护监测系统，进而实现对海岛生态环境更为科学合理的保护。

5.2　海岛开发利用适宜性分析

在《中华人民共和国海岛保护法》颁布之前，我国海岛管理特别是无居民海岛的管理在法律法规等制度上很不健全。由于人们海洋意识的淡薄以及对海城、海岛等海洋权益在一定程度上的忽视，加之无居民海岛自身具有远离大陆、相对独立存在、大部分处于尚未开发状态等特点，这些使得我国对无居民海岛的开发一直缺乏实质有效的管理，相当一段时间处于无序、无度、无偿等开发利用的状态，部分无居民海岛的岛体以及自然生态环境遭到严重破坏，若干海岛甚至消失灭失。随着《中华人民共和国海岛保护法》和《全国海岛保护规划》相继公布实施，我国无居民海岛的管理进入了一个依法管理新时期。对无居民海岛开发利用的管理制度主要有海岛保护规划制度、无居民海岛权属管理制度、无居民海岛有偿使用制度等。

由于我国的无居民海岛管理起步较晚，在开发利用管理上还存在着很多不足，海岛规划缺少定量的、可控的开发利用控制指标，需要进一步加强和完善。因此，需开展项目用岛适宜性评价，制定无居民海岛产业管制要求，以便为无居民海岛的确权发证提供政策依据。适宜性评价应以海岛利用率、投资强度、容积率、绿化率等指标为基础，根据不同开发利用的特征设置指标的权重值。同时要针对具体开发利用，从开发利用具体形式、建设规模、生态保护手段提出无居民海岛开发利用活动的具体管制要求。

5.2.1　无居民海岛开发利用中对控制指标的要求

我国已经批准的无居民海岛开发案例有多个，如祥云岛、竹岛、旦门山、箭屿、凤屿、大铲岛、东锣岛、西鼓岛、小岁屿、大娥眉岭岛等。2018 年国务院发布《国务院关于加强滨海湿地保护 严格管控围填海的通知》（国发〔2018〕24 号），明确完善围填海总量管控，取消围填海地方年度计划指标，除国家重大战略项目外，全面停止新增围填海项目审批。新增围填海项目要同步强化生态保护修复，边施工边修复，最大限度地避免降低生态系统服务功能。此后，我国对无居民海岛的开发利用中停止新增围填海，对无居民海岛的自然岸线实行严格保护措施，如《浙江省海岸线保护与利用规划》中对严格保护类岸线的围填海管理要求是"严格保护岸段禁止围填海"，对限制开发类岸线的围填海管理要求是"环境条件敏感的限制开发岸段禁止围填海"。上述两类岸线在管控措施中提出"禁止占用海岸线围填海，因国家重大和省级重点工程建设确需占用海岸线围填海的，应严格论证，自然岸线须占补平衡"。在严格保护无居民海岛自然岸线的政策指导下，2018 年以后申请用岛项目在规划中均提出了对无居民海岛自然岸线的保护要求，禁止占用海岛自然岸线，如因重大工程建设占用海岛自然岸线的，须占补平衡。

经收集我国已经确权的无居民海岛案例，分析其单岛规划、开发利用具体方案等技术材料，对这些无居民海岛开发利用有关的量化指标进行汇总，可得出以下结论。

（1）目前已经开发利用且得到批准的无居民海岛分布于河北、江苏、浙江、福建、广东、广西、海南等地区，基本涵盖了无居民海岛管理的省级管理部门。

（2）目前已经开发利用且得到批准的无居民海岛多集中于旅游用岛，无居民海岛旅游功能对于投资企业具有很强的吸引力。

（3）无居民海岛的开发利用，管理上重点关注海岛自然岸线改变长度或比例、建筑高度、建筑密度、岸线退让距离、植被改变量等量化指标。

5.2.1.1　控制指标量化分析原则和方法

1）控制指标量化分析原则

（1）有利于保护海岛生态环境。无居民海岛一般远离大陆，面积较小，土壤贫瘠，生态环境十分脆弱，一旦破坏，很难恢复。无居民海岛利用必须坚持在保护中利用，在利用中保护的原则，实现开发与保护并举。因此，无居民海岛开发利用控制管理，必须坚持有利于保护海岛生态环境的原则，但同时又不影响其开发利用。

（2）与已有控制要求衔接。控制指标量化分析应在依据有关法律法规、国家和地方制定的技术标准和城市利用总体规划等要求的前提下，结合无居民海岛开发利用实际需求，要求与已有的管控要求衔接。对于已有管理要求确实不合理的，应进行调整和优化。

（3）可操作性和适宜性。控制指标的设置要有可操作性和适宜性，适应国家和地方无居民海岛开发利用的整体要求。目前，无居民海岛开发利用的成功案例较少，控制指标的研究不仅要符合现有已利用的无居民海岛的需求，也要考虑无居民海岛开发利用管理的长远需求。

2）控制指标量化分析方法

参照土地、海域等有关控制指标或管理指标量化值确定的方法，无居民海岛开发利用控制指标的量化分析主要采用均值统计法、目标值法、专家咨询法和经验借鉴法。

（1）均值统计法。根据样本资料进行统计分析，计算各指标的均值，均值指标反映当前各类用途无居民海岛相关指标的水平，根据均值设置指标的控制值。该方法专业技术要求相对较低，但必须在调查并拥有大量样本资料的基础上进行。该方法存在的问题是当前已经批准的无居民海岛使用样本较少，计算出的均值不能满足无居民海岛使用管理的要求。需要结合其他方法，确定控制指标理想量值。

（2）目标值法。结合国家和沿海各地方无居民海岛使用管理有关标准、配套制度的要求以及有关行业政策的要求等，确定控制指标理想值。

（3）专家咨询法。根据无居民海岛使用要求和无居民海岛资源环境特点、不同用途及无居民海岛使用强度分析，通过咨询一定数量的专家，提出并设定相关控制指标理想值。

（4）经验借鉴法。国外一些著名的海岛地区，对于无居民海岛保护与利用做出一些量化管理等具体规定，可供借鉴。同时，国内陆地上的土地利用控制指标研究、海域上的区域建设用海控制指标研究等，都可提供参考。在无居民海岛使用样本缺少、专家又难以判断的情况下，可采用先进经验借鉴法进行控制指标理想值的设定。

5.2.1.2　主要用岛类型开发利用控制指标分析

根据对无居民海岛开发利用实例进行分析，各地无居民海岛使用重点关注海岛自然岸线改变长度或比例、建筑高度、建筑密度、岸线退让距离、植被改变量等指标。本部分重点针对旅游娱乐、交通运输、工业、仓储等不同用途无居民海岛，选择海岛自然岸线改变量、建筑物高度、建筑密度、岸线退让距离四项指标建立无居民海岛开发利用控制指标体系。由于不同用途的无居民海岛，对于各项指标的要求不同，所以本部分分别进行分析论述。

1）海岛自然岸线改变量

海岛自然岸线改变量是指无居民海岛在开发过程中改变属性的自然岸线长度或者改变属性的自然岸线长度占海岛总岸线长度的比例。这个指标的设置是为了保护无居民海岛的自然岸线资源。海岛自然海岸线是海岛的重要组成部分，是稀缺的不可再生的空间资源。自然岸线一旦遭到破坏，很难恢复和再造，海岛自然岸线是海岛保护的重要对象。

国家已经出台的《中华人民共和国海岛保护法》《无居民海岛保护和利用指导意见》《县级（市级）无居民海岛保护和利用规划编写大纲》等有关法律法规中对海岛岸线的保护进行了规定，要求禁止改变自然保护区内的海岛岸线。在海岛开发利用过程中，应避免破坏自然岸线资源，要充分保护自然岸线，对于改变原有岸线长度达到使用岸线长度 30% 以上且超过 200 m 的项目用岛，应专题论证，论证专家一致同意方可通过。在海岛岸线及周边海域修建码头、房屋等建筑物和设施，鼓励采用透水构筑物形式或者桩基方式，例如栈桥式码头、栈道、高脚屋等。

国家对海岛岸线改变的长度或比例已经作出了要求，这一要求适用于所有用途的无居民海岛。无居民海岛在实际使用过程中，各种用途使用无居民海岛的特点不同，对于无居民海岛岸线需求的内容和强度也不同。因此，对于无居民海岛使用过程中，海岛岸线利用的长度或比例对于不同类型的无居民海岛，应该有不同的要求进行约束。

（1）旅游娱乐用途无居民海岛岸线利用比例。

无居民海岛之所以能够开发为旅游用岛，一般具备以下特点：一是远离大陆，有安静、神秘的环境，不同于内陆和邻近沿海地区的喧嚣。二是有可供欣赏或享受的旅游资源。这种能够享受的旅游资源之一就是亲水岸线。海岛岸线是无居民海岛旅游资源的重要组成部分，是无居民海岛具有旅游功能的重要因素之一。因此，对于旅游娱乐用途的无居民海岛，应该严格注重海岛岸线资源的保护。

在目前已经开发利用为旅游用途的海岛中，其单岛规划或开发利用具体方案中对于海岛岸线的利用比例或长度进行了直接的或间接的要求。一般情况，允许利用岸线长度控制在30%以内，或改变原有岸线长度达到使用岸线长度30%以上且超过200 m的用岛活动，均做了专题论证。

同时，对于旅游娱乐用途无居民海岛，原则上除了必须建设的港口码头区域可以改变海岛自然岸线属性，对于其他尚未改变海岛自然岸线属性部分的岸段，均不允许改变海岛自然岸线属性。确需改变的，必须经过专家论证认可，并得到管理部门的批准。对于在海岛海岸线及周边海域修建建筑物和设施，鼓励采用透水构筑物形式或者桩基方式。

（2）交通运输用途无居民海岛海岸线利用比例。

交通运输用途无居民海岛，主要是为满足港口、路桥、隧道、航运等交通设施建设及功能而使用的。目前，小岁屿、大娥眉岭都是交通运输用岛，前者提出岸线利用比例不超2/3，后者提出利用比例为18.22%。这一比例的提出更多的是根据项目需求确定的。

有些交通设施建设，如港口、桥梁，直接用于海岛的对外交通，这类建筑物和设施必须使用岸线的空间范围，根据项目需要实际情况确定可以使用的岸线长度。还有一些交通设施的附属设施或辅助设施，除了岸线区域，其他地区也可以建设的，控制使用自然岸线资源。总体上，整个项目自然岸线改变比例不能超过海岛自然海岸线总长的2/3，且不允许使用生物海岸。在海岛岸线及周边海域修建码头、房屋等建筑物和设施，鼓励采用透水构筑物形式或者桩基方式，例如栈桥式码头、栈道、高脚屋等。

（3）工业和仓储用途无居民海岛海岸线利用比例。

工业和仓储用途的无居民海岛，都需要有码头等交通设施与外界相互运输；有些无居民海岛出于防台风、风暴潮等安全的考虑，还需要建设防波堤等防灾减灾设施。因此，对于必须使用岸线空间范围的建筑物和设施，根据项目需要实际情况确定可以使用的海岸线长度。对于附属设施或辅助设施，除了岸线区域，其他地区也可以建设的，控制使用自然岸线资源。建议改变自然海岸线的比例不能超过海岛自然海岸线总长的2/3，且不允许使用生物海岸。但鼓励采用透水构筑物形式或者桩基方式，尽可能避免海岛自然岸线破坏。

2) 建筑物和设施高度

岛上建筑物高度，是指无居民海岛上允许建设的建筑物的最大高度。这个指标的设置是为了保护无居民海岛的岛体，并保障与周边景观相协调。大部分无居民海岛开发利用，都需要在岛上建设不同高度、不同用途的建筑物和设施。

建筑物和设施的高度不仅与海岛本身的地质条件有关，也是海岛管理的重要内容。国家出台的《中华人民共和国海岛保护法》中对海岛建筑物的高度进行了规定，要求"经批准在可利用无居民海岛建造建筑物或者设施，应当按照可利用无居民海岛保护和利用规划限制建筑物、设施的建设总量、高度以及与海岸线的距离，使其与周围植被和景观相协调"。但未对海岛建筑物高度进行定量规定。

国家对海岛建筑物和设施高度作出的要求适用于所有用途的无居民海岛。无居民海岛在实际使用过程中，各种用途使用无居民海岛的特点不同，对于无居民海岛建筑物和设施高度需求的内容和强度也不同。因此，对于无居民海岛使用过程中，海岛建筑物和设施高度对于不同类型的无居民海岛，应有不同的要求进行约束。

（1）旅游娱乐用途无居民海岛。

旅游娱乐用途无居民海岛，是要给游客身心享受为目的之一。这些享受包括视觉的享受。海岛建筑物的高度是否与周围植被和景观相协调，直接影响游客的兴致以及对该旅游区的评价。因此，对于旅游娱乐用途的无居民海岛，应该选取适宜的建筑物高度。

目前，我国已经开发利用的用于旅游用途的海岛案例中，其单岛规划或开发利用具体方案中对于海岛建筑物高度进行了直接的或间接的要求，如 10 m、60 m、不挡住山脊线等。同时，还需要考虑无居民海岛的特殊性，数量较多的无居民海岛海拔差异极大，建筑物和设施高度的限制指标不能一概而论。

无居民海岛分布比较广泛，有邻近城市或乡镇的海岛，也有距离城市或乡镇较远的海岛。对于分布的不同区域，无居民海岛上建筑物和设施高度应该不同。尤其是对于邻近城市或乡镇沿岸的无居民海岛，岛上建筑物和设施的高度应该与周边景观相协调。

此外，无居民海岛上建筑物和设施高度还应该考虑安全的需要。

综上所述，在海岛地质条件满足的前提下，建筑高度除必须满足日照、通风、安全、航空及无线电微波通信等要求外，建议旅游用途的无居民海岛建筑物和设施高度适宜，且不能挡住山脊线。对于邻近城市或乡镇的无居民海岛，建筑物和设施高度要求与周边可视范围内景观相协调，按照邻近区域城市总体规划确定的建筑限高确定。

（2）交通运输用途无居民海岛。

交通设施建设需要考虑海岛本身的地质条件，同时需要满足交通设施功能的有效发挥。一般情况下，交通运输用途无居民海岛，不对建筑物和设施高度做出具体要求，以正常发挥交通设施功能为宜。但要求交通设施的建设，在海岛地质条件满足又不影响交通设施功能的前提下，必须满足日照、通风、安全、航空及无线电微波通信等要求。对于邻近城市或乡镇的无居民海岛，考虑与周边可视范围内景观协调，按照邻近区域城市总体规划确定的建筑限高确定。

（3）工业和仓储用途无居民海岛。

关于工业和仓储用途无居民海岛上的建筑物和设施高度，在海岛地质条件下，企业根据需要自行确定高度，但必须满足国家有关行业标准和规定对建筑物的高度要求，满足日照、通风、安全、航空及无线电微波通信等要求。但是，如果无居民海岛距离临近城市或乡镇的，在可视范围内的情况下，要求建筑物高度与周边景观相协调，按照邻近区域城市总体规划确定的建筑限高确定。

3）建筑物和设施建筑密度

建筑密度是指岛上建筑物和设施建筑密度占海岛投影面面积的比例，这个指标的设置是为了保护岛体不受到大规模的破坏。岛体是海岛的重要组成部分，是海岛保护的重要对象。

大部分无居民海岛开发利用，都需要在岛上建设不同规模、不同用途的建筑物和设施，这些建筑物和设施势必会对海岛岛体造成不同程度的破坏。国家已经出台的《中华人民共和国海岛保护法》《无居民海岛保护和利用指导意见》等有关法律法规中对海岛岛体的保护和建筑物设施的要求进行了规定，禁止破坏国防用途无居民海岛的自然地形、地貌和有居民海岛国防用途区域及其周边的地形、地貌。开发利用海岛，要充分利用海岛自然地形、地貌，避免采挖土石，要保护海岛特殊地质或景观的地形地貌；确需采挖土石方且采挖面积达到用岛面积30%以上的项目用岛，应专题论证，论证专家一致同意方可通过；建筑物应合理安排建筑密度，其中房屋建设、仓储建筑、港口码头、工业建设、基础设施五类用岛区块建筑密度一般不大于40%。

国家对海岛岛体保护和五类用岛区域建筑密度作出了要求，但是对于不同用途的无居民海岛的整体使用情况下的建筑物和设施占岛面积或建筑密度未作出要求。无居民海岛实际使用过程中，各种用途使用无居民海岛的特点不同，对于无居民海岛建筑强度的需求也不同。因此，对于无居民海岛使用过程中，不同类型的无居民海岛，建筑密度应该有不同的要求进行约束。

（1）旅游娱乐用途无居民海岛。

目前，国外一些著名的海岛旅游胜地非常注重海岛岛体的保护，政府对建筑密度作出了明确的规定。如马尔代夫，虽然土地资源紧张，但政府规定"任何岛屿开发的建筑面积都必须小于 20%，否则不予报建"。

我国城市规划管理中，对旅游度假区项目建设的建筑密度提出了量化要求。如《天津市城市规划管理技术规定》规定，市级综合公园占地面积一般为 20 ha 以上，建筑物基底占公园陆地面积的比例应当小于 6%。区级综合公园占地面积一般为 10 ha 以上，建筑物基底占公园陆地面积的比例应当小于 6%。《上海市城市规划管理技术规定（2003年）》规定，商业、办公建筑（含旅馆建筑、公寓式办公建筑）核心区最大建筑密度为50%，一般镇和其他地区为 40%。《海南省改善城镇环境建设、严格控制建筑密度和容积率的若干规定》（2001 年）中规定底层或别墅式的旅游度假区建设项目，建筑密度≤12%；多层或集中式的旅游度假区建设项目，建筑密度≤15%。根据上述地方规定，旅游区的建筑密度至少有不超过 6%（天津）、12%（海南）、15%（海南）、40%（上海）、50%（上海）等标准。

2002 年修订的《城市居住区规划设计规范》（GB 504180—93）对居住区建筑密度（住宅建筑净密度是指住宅建筑基底总面积与住宅用地面积的比率）的控制标准作出了规定，介于 20%~43%（表 5-6）。根据中国建筑气候区划图，沿海地区属于 Ⅰ、Ⅱ、Ⅲ、Ⅳ 地区，居住区建筑密度的控制标准，也是介于 20%~43%，但海岛地区一般都是底层建筑，建筑密度的控制标准介于 35%~43%（表 5-6）。

表 5-6　住宅建筑净密度最大值控制指标（%）

住宅层数	建筑气候区域		
	Ⅰ、Ⅱ、Ⅵ、Ⅶ	Ⅰ、Ⅴ	Ⅳ
低层	35	40	43
多层	28	30	32
中高层	25	28	30
高层	20	20	22

注：混合层取两者的指标值作为控制指标的上、下限值。

旅游娱乐用途无居民海岛可分为两种用岛方式，一种是大部分以旅游观光休闲为主要活动、含少量建筑物和设施的用岛方式，另一种是以大量房屋建筑为旅游娱乐提供必要设施的开发式用岛方式。这两种方式，对于建筑密度的要求也应不尽相同。

依据我国海岛管理政策，参照国内外相关规定及管理经验，第一种用岛方式，是以海岛生态保护为重点的开发利用方式，建议无居民海岛的建筑密度控制指标为 15%为宜；第二种用岛方式，建议建筑密度控制指标为 35%为宜。

（2）交通运输用途无居民海岛。

一般情况，对于交通运输用途的无居民海岛，不对建筑密度做出具体要求，以正常发挥交通设施功能为宜。但要求交通设施的建设，在海岛地质条件满足又不影响交通设施功能的前提下，要求用岛面积合理，并保留出 1/3 区域作为单岛保护区。

（3）工业和仓储用途无居民海岛。

当前，我国城市规划管理中，对于工业用地和仓储用地的建筑密度提出了明确的要求。《江苏省城市规划管理技术规定》（2004 年版）规定，工业建筑类最大建筑密度为 40%~50%（表 5-7）；《上海市城市规划管理技术规定（2003 年）》规定，核心区工业建筑和仓储建筑用地最大建筑密度为 60%，一般镇和其他地区工业建筑和仓储建筑用地最大建筑密度为 35%（表 5-8）。广州市工业用地建筑密度一般在 30%~50%（表 5-9）。2008 年原国土资源部发布的《关于发布和实施〈工业项目建设用地控制指标〉的通知》（国土资发〔2008〕24 号），规定工业项目的建筑系数应不低于 30%，工业项目所需行政办公及生活服务设施用地面积不得超过工业项目总用地面积的 7%。香港特别行政区对工业用地建筑密度控制也有指标要求，一般工业用地，建筑密度在 45%~55%；特殊工业用地，建筑密度在 55%~70%（表 5-10）。

大部分无居民海岛比较偏远，无居民海岛上允许的建筑物和设施建筑密度的上限指标可参考城市中规划新区、外环线以外地区的要求。一般而言，建议建筑密度的上限为 35%~45%。各地区可根据具体无居民海岛实际情况和需求确定。

表 5-7　江苏省工业建筑类建筑密度上限指标

建设类型		建筑密度（%）	
		新区	旧区
工业建筑类	低层	45	50
	多层	40	45

表 5-8　上海工业用地建筑密度控制指标

类型		区位				
		中心城（外环线以内地区）		中心城外（外环线以外地区）		
		内环线以内地区（%）	内外环线之间地区（%）	新城（%）	中心镇（%）	一般镇和其他地区（%）
工业建筑（一般通用厂房）仓储建筑	低层	60	50	40	40	40
	多层	45	40	35	35	35
	高层	30	30			

表 5-9　广州工业用地通用厂房建筑密度控制指标

用地分类	建筑密度（%）
一类工业用地（M1）	≥30 且 ≤50
二类工业用地（M2）	≥30 且 ≤45
三类工业用地（M3）	≤40

表 5-10　香港特别行政区各类工业用地的建筑密度

土地用途		建筑密度（%）
一般工业用地	工业用地	45~55
	工业/办公室用地	45~55
特殊工业用地	工业园	60~65
	科学园	55~65
	乡郊工业园	65~70
	其他具特殊要求的工业区	不适用

4）岸线退让距离

岸线退让距离是指建设项目相对于海岛岸线的后退距离。这个指标的设置是为了保护海岛岸线的稳定，防止岸滩生态系统受到破坏。

前面已经提及，大部分无居民海岛开发利用，都需要在岛上建设不同程度的建筑物和设施。我国实施的《中华人民共和国海岛保护法》，对海岛建筑物的岸线退让距离进行了规定，要求"经批准在可利用无居民海岛建造建筑物或者设施，应当按照可利用无居民海岛保护和利用规划限制建筑物、设施的建设总量、高度以及与海岸线的距离，使其与周围植被和景观相协调"。《无居民海岛保护和利用指导意见》要求在海岛上建造建筑物和设施应与海岸线保持适当距离，一般应保持在 20 m 以上。其中对砂质海岸线，建筑物和设施应与海岸线保持 50 m 以上距离。

5.3　海岛生态保护规划实践——大竹峙岛

以浙江省洞头区大竹峙岛为例，介绍海岛生态保护规划实践情况。

5.3.1 规划总则

1）规划范围

规划范围为大竹峙岛及周边一定区域内的海域。

2）功能定位

根据《洞头区海洋功能区划》："竹峙风景旅游区位于洞头岛东侧约 3.5 km，由大竹峙、小竹峙、虎头屿、鸟岛、北猫屿、笔架屿等数十座岛礁组成，旅游区面积为 69 ha。该景区蓝天碧海、渔帆点点，鸥鸟翔集。尤其是大竹峙岛数千平方米的天然大草坪，令人心旷神怡。适宜开展探险旅游、野营、海钓、看日出等活动，但游客需在专业管理人员的指导下开展活动，以防对岛上植被和周边海域环境造成负面影响。"

结合大竹峙岛现状以及所处岛群特征分析后，大竹峙岛主导用途为旅游娱乐用岛。根据 SWOT 分析法，对大竹峙岛进行综合分析评价。

（1）优势（strength）：

● 所在区域经济发达，洞头毗邻温州、宁波、杭州、上海大都市圈，游客目标市场广阔，发展潜力巨大。

● 对大竹峙岛进行观赏游憩价值、科学文化价值、珍稀或奇特程度、规模与丰度、完整性等资源要素价值分析后，其优势明显：大竹峙岛属无居民海岛，受人类的影响比较小，植被覆盖率高，尤其天然大草坪属稀缺型独特旅游资源，且规模较大；加之较为独特的冲蚀地貌，周边海域良好的生态环境和丰富的海洋资源使其成为海钓的理想之所。

● 大竹峙岛距离洞头区本岛较近，已建旅游码头，通达性良好，为旅游发展提供了较好的基础条件。

（2）劣势（weakness）：

● 景观市场价值较弱，表现在知名度有待进一步提高，前期未进行有较高标识度的规划和宣传推广，影响力需不断强化。市场影响力有限，适游期较短。

● 基础设施建设及配套服务有待提高。

（3）机遇（opportunity）：

● 海岛度假旅游已经成为当今生态旅游和休闲旅游的热点。据世界旅游组织估计，目前生态旅游收入已占世界旅游业总收入的 15%~20%。随着经济的发展和人们生活水平的提高，滨海及海岛生态旅游以远离城市喧嚣和彻底回归自然的心理感受，而倍受旅游者青睐，海岛已成为世界旅游的热点地区。

● 洞头区作为温州市唯一一个以区名命名的省级风景名胜区，其特殊的地理环境，造就了滨海旅游业在第三产业的重要地位。由于旅游业是一个具有很大拉动效应的产业，可以推动"吃、住、行、游、购、娱"服务体系的整体发展，因此，滨海旅游业发挥了洞头经济发展增长点的作用。目前旅游业直接、间接各类从业人员达 8 600 多人，占全社会就业的 6% 左右。

（4）威胁（threat）：

● 与周边知名度较高的南麂列岛（中国十大最美海岛）等形成竞争，对旅游业发展造成一定影响。

● 生态环境总体脆弱，海岛生态环境修复能力差，游客短期内大量涌入，易对环境造成较大甚至不可逆转的破坏。

综上所述，对于大竹峙岛，应以生态文明理念为指导，贯彻落实浙江省重要海岛开发利用与保护规划的要求，以建设温州"海洋经济强市"战略目标为契机，深入实施"洞头旅游强县"战略，按照可持续发展和区域统筹理念，以维持大竹峙岛生态平衡为前提，以大竹峙岛的自然生态和资源禀赋为基础，通过实施海岛的分区保护和利用，建立完善规范化的管理制度，实现海岛资源合理利用和生态环境有效保护，实现海岛生态平衡、开发合理、功能完善的局面，成为洞头区无人岛开发利用的示范基地。

同时，应借鉴国内外海岛旅游成功开发利用的经验，突出特色，加强宣传与推广，扩大其"东海第一坪""海钓胜地"的影响力，强调政府引导、科学规划、专业开发等有机结合。

3）规划目标

通过规划，明确大竹峙岛的功能定位以及保护的主要内容和目标，以更好地实施对无居民海岛的保护；明确大竹峙岛的主导开发功能，以海岛资源可持续发展为前提，兼顾开发建设的需求，以保护为主，适度开发；明确大竹峙岛的管理要求，加强对该岛实施系统有序的管理，使海岛综合资源得到科学合理的利用。

5.3.2 大竹峙岛基本情况

5.3.2.1 大竹峙岛行政区域位置

洞头区位于浙江省东南部，地处浙江省东南海域温州湾口和乐清湾的汇集处，地理坐标介于 27°41′19″—28°01′10″N，120°59′45″—121°15′58″E 之间。西接瓯江口，东濒东海，北同乐清海域相邻，南隔崎头洋与大北列岛相望，是全国 14 个海岛县（区）之一，被誉为"百岛之县""东海明珠"；全区陆域面积 100.3 km²。

大竹峙岛，又名大竹屿，洞头列岛的属岛，位于温州市洞头本岛东面，小竹峙北侧，距洞头区北岙镇 6.5 km。远远望去，大竹峙岛就像一美女静静地平卧在海平面上，形态优美，神情悠闲，因此被誉为"东海睡美人"。

5.3.2.2 大竹峙岛地理坐标位置

大竹峙岛地理坐标位置为 27°49′8″—27°49′37″N，121°12′28″—121°13′19″E。

5.3.2.3 大竹峙岛海岸线以上的面积

大竹峙岛长约 1.25 km，宽约 300 m。陆域面积 453 157 m²，海岸线长 5.02 km，滩地面积 93 536 m²。

5.3.2.4 大竹峙岛地形地貌

洞头区属浙东地质构造隆起带的组成部分。境内山体为雁荡山脉的分支，约在 7000 多年前冰后期最大的海侵后与大陆隔开，形成现在的洞头列岛。海岛沿岸多为沉降地形，新构造运动的强烈上升，流水的侵蚀切割以及海水动力的作用，形成现在低丘流水地貌和海岸地貌组成的地貌类型。

洞头列岛的基岩岸线虽侵蚀地貌发育，但海蚀崖多在坚硬的基岩区形成，后退速度很慢，可视为稳定岸线。沙砾质岸线除大门岛南仍在发展外，多数处于相对停滞状态。

大竹峙岛岩石为燕山晚期花岗岩，最高点大竹山海拔 80.6 m，坡度较平缓，平均坡度为 17.6°。大竹峙岛岸线景观丰富，多分布裸露岩石，各种礁石形态各异，千姿百态（图 5-4，图 5-5）。

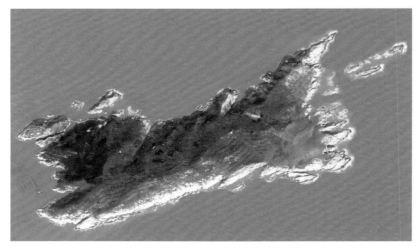

图 5-4　大竹峙岛地形图

图 5-5　大竹峙岛的花岗岩地貌

大竹峙岛全年受台湾暖流影响时间长，因岛屿沿岸受风浪、潮流等的不断侵袭，使潮间带底质结构多样化，其西北岸为泥或泥沙底质，东北至东南岸为岩礁底质。

根据竖向分析图，合理利用大竹峙岛中东部地形西高东低以及地势相对平缓的有利条件，在控制土方成本的前提之下，进行局部的竖向改造，在同样的建筑间距下，可获得更好的日照条件，满足度假的生活需求；景观设计亦沿地面坡度合理布置；满足自然排水条件。

5.3.2.5　大竹峙岛自然生态

气候：大竹峙岛属亚热带海洋型气候，气候温暖湿润，四季分明，气温年月差较小，冬暖夏凉。年平均气温为 17.5 ℃，年平均降雨量 1 319.4 mm，年平均总蒸发量 1 538.3 mm，年总日照 1 932 h；降雨多集中在 3—6 月和 8—9 月，每年 7—10 月是台风频繁影响的季节，台风及台风带来的强降雨是影响本岛最主要的灾害性气候。

辐射和日照：大竹峙岛获得太阳辐射量较多，年太阳辐射大致在 4 103 MJ/m²，但各季均不相同，一年中以冬季(12 月到翌年 2 月)总辐射最少，2 月低谷，为 209 MJ/m²，8 月最大，达到 547 MJ/m²。1971—2000 年，大竹峙岛平均年日照时数为 1 885.2 h，最多为 1971 年，达 2 255.5 h，最少为 1997 年，仅 1 589.1 h。大竹峙岛平均日照百分率为 44%左右，一年中日照百分率以 2—5 月为最小，平均在 30%左右，最小是 1990 年 2 月，为 7%，峰值出现在 7、8 月，累年平均在 60%左右，最大为 1971 年 8 月，达 82%。

气温：大竹峙岛平均气温为 17.5 ℃，年际间最大温差仅 1.2 ℃。8 月份气温最高，平均最高气温为 29.8 ℃，极端最高温在 31.6~35.7 ℃；2 月份气温最低，平均最低气温为 5.5 ℃，极端最低温-3.6~0.7 ℃。

降水：大竹峙岛降水量相对大陆为少，年际间变化很大，年内分配也很不均匀，据洞头气象站统计，1971—2000 年间，大竹峙岛平均年降水量为 1 319.4 mm，最少一年是 1971 年，为 647.9 mm，最多一年是 1990 年，为 1 822.7 mm。

风：大竹峙岛地处亚热带季风气候区，风向随季节变化非常明显。冬季盛行北到东北风，春季以东北风为主，夏季转为偏南风为主，秋季风向逐渐由偏南风转为以北北东为主。根据 1976—2000 年的风速资料分析，大竹峙岛累年平均风速为 5.0 m/s，年度之间差异不大，在 4.5~5.6 m/s 间变化，最大平均风速为 34.0 m/s，8—9 月受台风影响或袭击，容易造成灾害，历年极大风速可达 56 m/s。

植物：大竹峙岛植被较好，针叶树种有黑松；阔叶树种有木麻黄、台湾相思、单叶蔓荆、桉树、夹竹桃、野桐、苦楝树、天仙果、蒲葵、栀子花、映山红、滨枥等，草本植物主要有结缕草、五节芒、野菊、水仙花、芦竹等；藤本植物有葛藤。大竹峙岛植物种类有蕨类植物 1 科 1 种，裸子植物 1 科 1 种，被子植物 24 科 27 种。未发现珍稀保护类植物，但有重要的造林防护树种，如滨枥、黑松、台湾相思、木麻黄等（图 5-6 至图 5-8）。

动物：海岛上的原生动物有老鼠、蛇、松鼠等，均为一些常见种类，海岛调查中未发现有珍稀动物种类。

图 5-6　大竹峙岛草坪

图 5-7　大竹峙岛灌木

图 5-8　大竹峙岛乔木

5.3.2.6　周边海域生态

大竹峙岛周边海域生态指标调查范围如图 5-9 所示红色区域内。主要包括水体、沉积物、海洋生物等。

1）水体

根据 2011 年夏季的调查结果，洞头附近水体中的 pH、COD 的标准指数均小于 1，符合一类海水水质标准；DO 有 6 个站位没有温度数据，无法评价。在可以评价的 17 个数据中，有 5 个站位超一类海水水质标准，满足二类海水水质标准；1 个站位超二类海水水质标准，满足三类海水水质标准；其余的均满足一类海水水质标准。无机氮有 31.8% 的站位超一类海水水质标准，9.1% 的站位超二类海水水质标准，4.5% 的站位超三类海水水质标准；活性磷酸盐有 70% 的站位超一类海水水质标准，10% 的站位超二

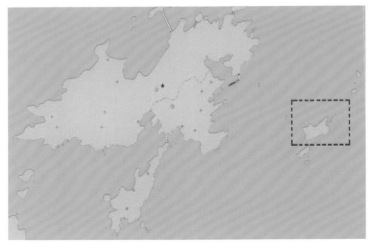

图 5-9　大竹峙岛周边海域调查范围

类和三类海水水质标准，5%的站位超四类海水水质标准；石油类有 12.5%超一类和二类海水水质标准，满足三类海水水质标准。

水体中的重金属锌、镉和铬的标准指数均小于 1，满足一类海水水质标准，铜有66.7%的站位超一类海水水质标准，符合二类海水水质标准；铅有 85.7%的站位超一类海水水质标准，符合二类海水水质标准；汞有 9.5%的站位超一类海水水质标准，符合二类海水水质标准；砷有 4.3%的站位超一类海水水质标准，符合二类海水水质标准。

2）沉积物

2011 年夏季洞头海域沉积物中硫化物、有机碳、油类、总汞、镉、铅、砷、DDT均满足一类沉积物质量标准，铜相对一类标准的超标率为 33.33%，调查的所有站位均满足二类沉积物质量标准；铬相对一类标准的超标率为 11.11%，所有调查站位均满足二类海水水质标准。

大竹峙岛水环境包括岛上淡水水环境和海水水环境，大竹峙岛岛上有地表水系，有常年流水的山间溪流，但不发育。根据《地表水环境质量标准》（GB 3838—2002）和《海水水质标准》（GB 3097—1997），岛上淡水基本达到国家 II 类标准，但无法直接饮用。

3）海洋生物

浮游植物：2011 年夏季调查海域浮游植物细胞丰度在 $7.96 \times 10^3 \sim 3\,925.33 \times 10^3$个/m³，平均细胞丰度为 $1\,040.13 \times 10^3$个/m³。2011 年夏季洞头海域浮游植物主要优势种为琼氏圆筛藻、尖刺拟菱形藻、虹彩圆筛藻、太阳双尾藻、梭角藻、佛氏海毛藻、布氏双尾藻。调查海域浮游植物多样性指数值属于中等。2011 年夏季，多样性指数值在 0.459~3.431，平均值为 1.996。

浮游动物：调查海区浮游动物基本可分为 4 个生态类群：①近岸低盐类群：其出

现频率和数量变化常受控于沿岸水的影响，该类群是该海域的优势类群。主要种有中华哲水蚤、真刺唇角水蚤、太平洋纺锤水蚤、中华假磷虾和百陶箭虫等。②暖水性外海种：该类群丰度较低，种类较多，春季随外海高盐水进入湾口海区，主要种有精致真刺水蚤、驼背隆哲水蚤等。③半咸水河口类群：该类群种类和数量较少，主要有江湖独眼钩虾等。④广布性类群：该类群种类很少，主要有小拟哲水蚤等。2011 年夏季，调查海域生物量平均值为 174.04 mg/m³，密度平均值为 255.14 个/m³；生物量最高值为 884.17 mg/m³，最小值为 9.70 mg/m³；密度最高值为 1 075.00 个/m³，最低值为 9.99 个/m³。调查海域浮游动物多样性指数值属于中等偏上。2011 年夏季，调查海域浮游动物种类多样性指数大潮平均值为 2.952，变化范围为：2.516～3.792。均匀度的变化范围为 0.564～0.996，均匀度的平均值为 0.733。

底栖生物：调查海域底栖生物以多毛类动物和软体动物的种类分布为主。主要优势种为双鳃内卷齿蚕、彩虹明樱蛤、婆罗囊螺、红带织纹螺、不倒翁虫等。2011 年夏季调查海域底栖生物平均生物量为 29.15 g/m²，平均栖息密度为 89.33 个/m²。生物量最高值为 100.00 g/m²，最低值为 0.44 g/m²；栖息密度最高值为 143 个/m²，最低值为 1 个/m²。2011 年秋季，调查海域底栖生物种类多样性指数平均值为 1.712，变化范围为 0.314～2.516；底栖生物均匀度的平均值为 1.485，变化范围为 0～2.493。

5.3.2.7　大竹峙岛岸线水深等资源情况

1)海岛岸线资源

大竹峙岛海岸线长 5.02 km，滩地面积 93 536 m²。多分布裸露岩石，各种礁石形态各异，千姿百态，有多处良好的天然海钓平台，西北部岸线有沙滩。

大竹峙岛附近海域水深在 12 m 之内，最深处不超过 20 m，是虾蟹鱼贝偏爱的深度；海水几乎没有污染，是一类海区；加之全年受台湾暖流影响，此处有冷暖两股洋流交汇，鱼类资源相当丰富。

2)旅游资源

大竹峙岛具有极为丰富且独具特色的旅游资源，包括天然草坪、海岛垂钓岩、海岛冲蚀地貌景观、沙滩、植被景观等，形成了水天一色的碧海晴空，具有水清、草美、礁奇、滩佳、鱼鲜、生态优的特色。根据我国旅游资源的分类方法，其拥有八个大类中的地文景观、水域风光、生物景观、天象与气候景观、人文活动五个大类资源，资源优势非常显著。对其单体旅游资源进行综合评价因子赋值，评分为 71 分，为三类旅游资源，属优良级旅游资源。

天然草坪

海岛东北部有一块天然青翠草坪，面积逾 6×10⁴ m²，被称为"东海第一坪"。这里自然生长着整片结缕草，这种草不惧干旱和烈日暴晒，草坪植被良好，分布均匀，几乎不存在杂草；它像铺展开的一方大绿毯，青翠撩人，柔软舒适，是游人野营露宿、观日出、休憩放松和亲近自然的理想之地（图5-10，图5-11）。

图5-10　东海第一坪

图5-11　天然草坪

海岛垂钓

海岛垂钓是近年来广受欢迎的一种滨海休闲旅游项目，在洞头区海岛开展相关旅游活动具有得天独厚的优势：海钓休闲区附近海域水深15 m左右，是虾蟹鱼贝偏爱的深度；鱼类资源相当丰富，加之良好的礁石平台，是进行海钓的理想之地（图5-12）。

海岛冲蚀地貌

大竹峙岛海岸蜿蜒曲折，海蚀地貌的发育十分完善。长期的海水侵蚀作用，造就了优良的海蚀礁崖、洞桥，形态各异，鬼斧神工，极具旅游价值（图5-13，图5-14）。

图 5-12　海岛垂钓区

图 5-13　海岛冲蚀地貌

图 5-14　海蚀洞

沙滩

岛上分布有两处沙滩，均位于岛的西侧。沙滩沙质较粗，呈浅褐色，沙滩下部沙质较细，为浅黄色(图5-15)。两处沙滩规模较小，沙滩低潮线以下不远即为粉砂等细粒沉积。如引发沙滩侵蚀，侵蚀速度会比较快，因沙源供应的陆域面积太小，很难自然补充恢复。

图5-15　海岛沙滩

海岛植被

大竹峙岛有茂密的海岛植被(图5-16)，遮天蔽日的台湾相思树林，背靠岛体，面朝大海，能为游人提供密林探险场所；也是夏天纳凉、观景的好去处。

图5-16　海岛植被

海岛淡水

大竹峙岛上有地表水系，有常年流水的山间溪流，但不发育。岛上无水库、山塘等集水资源，在以前的开发利用活动中建有蓄水池一座，但容量较小，无法满足开发利用需求(图5-17，图5-18)。

图 5-17　蓄水池

图 5-18　岛上溪流

5.3.2.8　大竹峙岛及周边海域开发利用情况

1）海岛开发利用情况

2004 年，洞头县（现为区）虎屿海洋生态资源开发有限公司和洞头县政府签订了 5 年的开发保护协议，以租赁的形式，承包了当时还称作大竹屿的大竹峙岛。公司投资 400 万元，分 3 期开发大竹峙岛。主要开发生态旅游区、休闲渔业区和孤岛生存区等项目，包括水、电、路等基础设施的建设。

2006 年 3、4 月开始，大竹峙岛试运营，当年"五一"便吸引近千游客上岛。然而，由于基础设施薄弱和环境保护能力不足，短时间内大量游客涌入，给岛上生态带来了较大负担，岛上数千平方米天然草坪，一时间被严重踩踏遭受破坏，且留下不少垃圾；几个月后，大竹峙岛停止开放，随后一直歇业。

目前大竹峙岛遗留下的开发活动遗迹有：林木种植、修建的蓄水池、道路、入口门、简易房屋、厕所等（图 5-19）。

图 5-19　大竹峙岛入口门

2) 周边海域开发利用情况

根据洞头区无居民海岛保护和利用规划，大竹峙岛南侧的 2 000 亩（约 133 hm²）水面，被定为洞头的海洋牧场。主要进行增殖放流，以保护海洋生态，近年来，每年有数千万只海洋动物被抛入牧场，包括真鲷、黑鲷、大黄鱼、乌贼卵、荔枝螺、鲍鱼等，收到了较好的效果。

此外，大竹峙岛西北部建有 300 吨级码头一座（图 5-20），可为海岛的进一步开发利用提供便利。

图 5-20　大竹峙岛码头

5.3.2.9　大竹峙岛已开展的保护情况

在前期的开发利用活动中，由于规划和基础设施建设不够到位，因此对大竹峙岛的生态保护不力，主要表现为缺乏专业高端的规划，环境保护能力不足，如垃圾收集、转运，厕所，污水处理等设施没有跟上，因此对海岛生态造成一定的影响。

5.4　大竹峙岛保护区的区域和内容

5.4.1　大竹峙岛保护区保护的主要对象

大竹峙岛的保护对象包括以下几类。

（1）海岸线。海岸线是海岛与海域的分界线，是界定海岛的重要依据，因此，保护海岸线具有重要意义（图 5-21）。

（2）天然草坪。大竹峙岛的天然草坪具有面积大、杂草少、草质柔软、景色壮丽等特点，已成为大竹峙岛的代表和象征（图 5-22），是其重要的生态和旅游资源，因此必须加以保护。

图 5-21　海岛岸线

图 5-22　天然大草坪

（3）冲蚀地貌。大竹峙岛海岸蜿蜒曲折，海域地貌的发育十分完善。长期的海水侵蚀作用，造就了优良的海蚀礁崖、洞桥，形态各异，鬼斧神工（图 5-23），可作为海岛垂钓和探险载体，极具旅游价值，因此必须加以保护。

（4）沙滩。沙滩是海岛重要的旅游资源，也是《中华人民共和国海岛保护法》列出的重要保护对象，因此必须对将沙滩加以有效保护（图 5-24）。

（5）植物资源。植被是海岛重要的生物资源，对于增加海岛绿化面积，保持水土，促进水源涵养，改良海岛土壤，改善海岛生态环境，美化海岛，提高海岛开发利用价值，促进海岛经济发展具有重要作用，因此需加以保护（图5-25，图5-26）。

图 5-23　海蚀地貌

图 5-24　海岛沙滩

图 5-25　台湾相思

图 5-26　鸡矢藤

5.4.2　划定大竹峙岛保护区的范围

根据大竹峙岛实际情况，将保护区划分为三个部分。

1）沙滩保护区

大竹峙岛沙滩位于岛体西北部，作为全岛唯一的沙滩，具有稀缺性，且面积非常小，受海水冲刷影响大，该沙滩迫切需要保护。该保护区域的面积约 954 m²，保护该区域内沙滩、滨海、石崖、礁石。允许游人进入，不得开发任何建筑物。

2）礁岩保护区

礁石是海岛、滨海的特殊地貌（海蚀地貌），也是重要的景观资源。该区域受海水冲刷，侵蚀严重，各种裸露礁石形态各异，千姿百态，错落分布，形成了最佳景观地带，具有非常高的观赏价值。其自然形态面积约 115 948 m²，主要保护礁岩及岸线，禁止破坏其自然景观。

3）草坪保护区

草坪是海岛的天然屏障，具有防风固沙、保持水土的作用。草坪保护区位于岛体东南部，是大竹峙岛的形象；该区域面积为 76 117 m²。如此大面积且平缓的天然草坪，在海岛中实属罕见，具有很高的价值。近年来，不少慕名而来的游客在该处进行露营、休闲等活动，遗留的生活垃圾使草坪生态环境受到一定程度影响。为防止水土流失，保护天然草坪这一稀缺资源，必须加以有效保护。该保护区主要保护草坪生态环境和完整性，不允许开发任何建筑物，禁止采挖、污染或破坏草坪，禁止在草坪上烧烤，禁止乱扔垃圾。

保护区总面积为 156 197 m²，全岛投影面积为 452 313 m²，保护区占岛体面积的 34.53%，符合《县级（市级）无居民海岛保护和利用规划编写大纲》中"单岛保护区面积一般不小于单岛总面积的 1/3"的规定要求（图 5-27～图 5-29）。

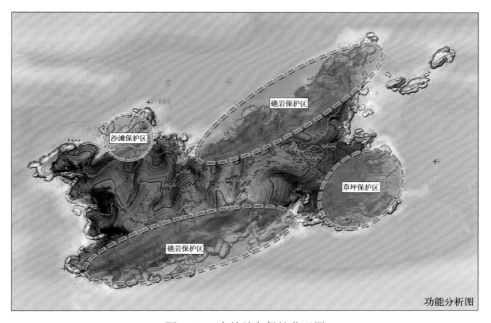

图 5-27　大竹峙岛保护分区图

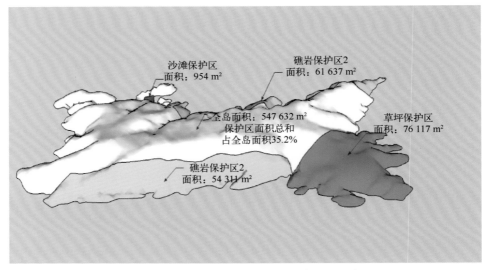

图 5-28　大竹峙岛保护分区自然形态面积示意图

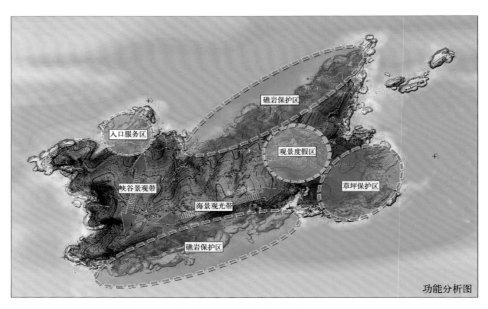

图 5-29　大竹峙岛保护与开发利用分区示意图

5.5　大竹峙岛保护区保护的具体措施

5.5.1　严格按照本规划编制《无居民海岛开发利用具体方案》

大竹峙岛开发利用应充分利用原有地形地貌，运用吊脚楼等建筑形式，避免采挖土石，从而减少建设项目对海岛的自然形态造成重大改变；对海岛地貌应该严格保护，不得破坏。旅游开发利用项目尽量选择在植被覆盖为草丛的地方。因项目需要确实会对林地造成破坏的，应占一补一，在该岛其他地方进行补偿性种植。

沙滩上禁止建造永久性建筑，建筑物和设施应与沙滩保持 50 m 以上距离。项目开发和运营期间不得造成沙滩及其周边海域的污染，不得降低海水水质。

除旅游码头建造直接利用海岸线以外，不得直接在海岸线建造任何设施。在海岛上建造建筑物和设施应距离基岩海岸 20 m 以上。海岛开发利用应避免破坏自然岸线资源，对于改变原有海岸线长度达到使用海岸线长度 30% 以上且超过 200 m 的项目用岛，应专题论证，论证专家一致同意方可通过。

建筑物和设施的设计应符合国家相关标准和规范，并充分考虑海岛实际情况，色彩选用应尽量与周围景观相协调，以达到建筑物和设施与海岛自然环境的最佳融合。建筑物的高度一般不超过 10 m，且不挡住山脊线。房屋建设密度不超过 30%。

建筑物和设施应选用节能环保、防潮防腐的建筑材料；建筑物和设施应符合防火、消防、卫生等国家相关标准。

保护地下水源。不得破坏涵养水源的防护林，严格保护水源地，禁止在水库附近建造污染水源的建筑物、构筑物或设施以及开展活动。鼓励通过大陆引水或者利用海水淡化满足淡水供应。

大竹峙岛开发利用鼓励利用风能、太阳能、地热等清洁能源。

采取措施进行噪声控制和"三废"处理，噪声需达到景区的允许标准，"三废"需达标排放。

鼓励使用生化环保分解厕所，采用微生物分解和膜处理，就地分解处理排泄物，无须水冲，管网建设，可有效减少对周边海域的污水排放。

严禁随意在海岛弃置、填埋固体废弃物。垃圾进行分拣，生活有机垃圾可进行降解处理并作为有机肥浇灌岛上植物；危险固废按照相关管理规定外运出岛到指定地点。

海岛上的道路设施尽量与雨水收集相结合，采用透水路面。环岛路道路宽度不超过 3 m，主要供电瓶车通行。

海岛开发利用前应进行灾害调查，制定突发事件应急预案，合理设置防灾减灾设施，减少火灾、台风、风暴潮、滑坡、海岸侵蚀等灾害的损害，保证海岛人员和设施安全。

大竹峙岛实行分级保护，进行核心保护的为天然草坪、沙滩；林木覆盖区和冲蚀地貌为一般保护区。

5.5.2 大竹峙岛保护区养护和维修的具体办法

1) 设立环境监测点

加强海岛环境监测能力建设，建设一批海岛生态环境和海岛周围海域环境监测点，将海域环境监测纳入近岸海域环境监测网站。严格执行《中华人民共和国海岛保护法》，从源头上有效地防范海岛的环境污染和生态破坏。

对于动态监测监视系统的安装，建议：①在中心开发利用区域内选择合适位置和高度，安装1个视频监控探头，调整好监视角度，使其监视范围覆盖整个开发利用区域；②在天然草坪保护区设4个视频监控探头，调整角度使其监视范围覆盖草坪保护区域该开发区的周边海域环境；总计共需架设5个视频监控探头。

2) 建设"数字海岛"管理信息系统

把大竹峙岛纳入海洋开发利用和保护的监控范围，借助地理信息技术和现代网络技术，建立规范的海岛管理信息系统以及各类海岛基本地理要素数据库，实现海岛信息的采集、存贮、查询、分析、显示和交换等过程。通过实现海岛的信息化管理可以达到海岛信息的资源共享及信息服务的社会化，为业主单位对海岛的开发以及科研活动提供准确、权威的数据资料。同时，通过面向公众的信息服务及科普宣传，使社会公众了解海岛开发利用与管理情况，提高公众的海岛保护意识。通过实现海岛的信息化管理，建立全面、详细的海岛基本地理数据库，为海域使用管理、海岛环境保护和海岛资源管理工作提供有效的决策辅助工具，实现决策的科学化、规范化，提高办事效率。

3) 设置保护区界标

大竹峙岛保护区必须设置界标。在保护区和开发利用区的分界拐点处设置界标。

界标的具体设置工作，可在保护区域与开发利用区相交处分别设置1个界标，礁岩保护区、草坪保护区、沙滩保护区分别设置1个界标，总计共需设置界标4个。保护区界标应标示保护范围示意图、保护宣传标语，以告知开发商及游客保护区界线、保护对象和保护要求，避免在开发、旅游活动中对保护对象造成破坏。

4) 设立保护区环卫基金，建立污染物处理设施

保护区良好的生态环境是旅游发展的重要因素，保护区可以设立环卫专项基金，用于保护区保护和"三废"处理，包括用于污染物处理设施的配置，在游道上合

理设置分类垃圾桶，选择合理处理"三废"的技术措施和设备，购置环保宣传教育设施等。

5）建立生态旅游解说系统

大竹峙岛保护区养护可以建立解说系统。解说系统分为两种模式：软件部分（导游等具有能动系统的解说形式）和硬件部分（资料展示栏等表现形式），在海岛运营期间宣传该岛保护区的保护对象和要求。在大竹峙岛生态保护区或者显眼处，设置各种硬件牌示解说系统，比如全景牌示、警告牌示、景点牌示等，以告知游客保护区的保护对象和保护要求，避免在旅游活动中对保护对象造成破坏。

6）设立专职机构

应设专职人员对海岛的植被生态环境进行保护和建设，保护海岛生境多样性，防止外来生物入侵海岛。特别是针对海岛的黑松林成片枯死现象，应该聘请相关专家进行研究、设计解决方案。

7）保护区的养护工作

洞头区海洋主管部门利用动态环境监测系统以及海岛数字信息系统，随时了解大竹峙岛保护区的动态，一旦发现有破坏保护区保护对象的行为，应及时予以制止，并进行处罚。

专职机构人员定期对海岛的植被物种进行数量登记和研究，对特殊物种进行保护和维护，确保这些植物不被破坏。

开发单位在运营期间要做好保护区的日常保护工作，尤其要做好岸线保护区和草坪保护区的保护工作，同时应指定专人协助海洋主管部门开展以下海岛保护的具体监督检查工作。

（1）沙滩修复和养护：由于自然侵蚀的原因，大竹峙岛沙滩呈现沙砾直径变粗，沙滩坡度变陡的趋势。项目开发业主需采取抛沙补沙工程或者促於防侵蚀工程对大竹峙岛的沙滩进行整治修复，维持沙滩质量和面积。严格控制游客数量。不允许在沙滩上烧烤，不允许向沙滩直排废水、乱扔废弃物。在开展沙滩浴场等活动时，应安排专人清洁沙滩。

（2）保护原始景观和自然风貌：保持海岛自然景观和原始风貌，保护海岛生态，不得破坏水土涵养林、景观林以及绿地。加强海岛山林保护，落实山林防火安全措施，防止破坏山林和随意砍伐，禁止砂石开采。

（3）植物的保护：保护海岛植被，不得随意采挖、砍伐、污染海岛植物，严禁野外不当用火，以免造成植物破坏。

（4）天然草坪的保护：不允许搞任何建筑物，禁止采挖、污染草坪或任何有可能影响草坪生长的破坏行为等。在开展草坪旅游活动时，应安排专人定时清洁、保养。

（5）自然海岸线的保护：不得开山采石破坏岸线，严格保护海岛地貌。

5.5.3　大竹峙岛保护区保护的经费来源

大竹峙岛保护区保护的经费主要来源于开发该岛的业主。

5.5.4　相关单位对单岛保护区的责任和义务

大竹峙岛开发利用活动应当按照《中华人民共和国海岛保护法》对从事可利用无居民海岛的开发利用活动具体规定的相关保护义务，其中包括《中华人民共和国海岛保护法》第三十条规定："从事海岛保护规划确定的可利用无居民海岛的开发利用活动，应当遵守可利用无居民海岛保护和利用规划，采取严格的生态保护措施，避免造成海岛及其周边海域生态系统破坏。"第三十二条规定："经批准在可利用无居民海岛建造建筑物或者设施，应当按照可利用无居民海岛保护和利用规划限制建筑物、设施的建设总量、高度以及与海岸线的距离，使其与周围植被和景观相协调。"第三十三条规定："无居民海岛利用过程中产生的废水，应当按照规定进行处理和排放。无居民海岛利用过程中产生的固体废物，应当按照规定进行无害化处理、处置，禁止在无居民海岛弃置或者向其周边海域倾倒。"

开发利用大竹峙岛海岛的单位和个人，应严格遵守《中华人民共和国海岛保护法》的相关规定，并针对保护区制定单岛保护区的保护规章，并制定防止山林火灾、保护水源等应急预案，且专人进行相关保护和维护，并在海岛开发方案制定时预留保护经费，保障人、财、物的到位。

5.5.5　大竹峙岛保护区要达到的保护目标

总的保护目标是：维持海岛的完整性、稳定性和景观性。

保护区1的保护目标：保障沙滩面积和质量。在沙滩上不得有任何建筑物和构筑物，沙滩周边海域水质不得降低。

保护区2的保护目标：主要保护礁岩及岸线，禁止破坏其岸线自然景观，不得采石取砂，不得对有关环境造成污染。

保护区3的保护目标：保护草坪的面积和生态性及景观性。在草坪上不得有任何建筑物和构筑物，确保天然草坪不遭受破坏；不得造成草坪面积减小或覆盖率降低；遗留草坪的垃圾要及时清理，不得对草坪环境造成污染。

5.6　对海岛开发利用活动的要求

5.6.1　开发利用分区

开发利用区域划分"五区两带"，即入口服务区、密林探险区、观景度假区、草坪娱乐区、海钓休闲区、峡谷景观带、海景观光带。

1）入口服务区

入口服务区规划面积约 38 525 m²，主要为海岛第一视觉映像区，为迎合海岛休闲度假主题，依托已建码头、游步道等基础设施打造以游客咨询、旅游接待、购物、渔船租赁等服务为基础，设置礁石景观、浮雕文化墙、摩崖石刻、私家沙滩、景观小瀑布、游泳池为主的休闲活动区，既能为游客提供方便周到的服务，又能使游客具有耳目一新的感觉。

2）密林探险区

密林探险区规划面积约 100 871 m²，这里有茂密的海岛植被，遮天蔽日的台湾相思树林，背靠山林，面朝大海，能为游人提供密林探险；若搭建几处木屋，必是夏天纳凉、观景的好去处。

3）观景度假区

观景度假区规划面积约 26 555 m²，主要为游客提供餐饮、住宿、观景等休闲度假服务，该区域位于大竹峙岛最高端，这里地势平坦，能远眺周围十多个岛礁，这些岛礁犹如漂浮东海上的各式盆景。北望虎头岇，山尖有一个国际航线灯塔，每天有数十艘万吨巨轮从大竹峙身旁掠过，游人可站立此处品评各类船只造型，极目远眺。主要设置海景度假木屋、综合服务中心等。

4）草坪娱乐区

草坪娱乐区有一处良好天然青翠草坪，规划面积约 64 714 m²，被称为"东海中第一草坪"。那里自然生长着整片结缕草，这种草不惧干旱和烈日暴晒，绿草间，点缀着各色小野花。是游人野营露宿、休闲、观日出、聚会的最佳之地。主要设置帐篷管理房、滨海木栈道等。

5）海钓休闲区

海钓休闲区规划面积约 60 132 m²，海钓在欧美发达国家已有上百年的历史，与高尔夫、马术、网球被列入四大贵族运动之一，近年备受青睐，既刺激而富有乐趣，又能锻炼身体。

6) 峡谷景观带

峡谷景观带规划面积约 41 457 m²，一条游步道穿梭至山顶，两边绿树成荫，若沿路再添设欣赏性花草必能为游客带来赏心悦目的感觉，体验海岛独特的芳香气息。主要设置花卉景观带。

7) 海景观光带

海景观光带规划面积 127 437 m²，这里是通往天然草坪区之路，路线平坦、视线佳，可设置景观花架、观景亭等，沿路可欣赏海景，观景亭可供游人憩息，也能观海、观日出。

5.6.2 具体开发利用要求

1) 不得建设对海岛环境有严重影响的项目

本岛开发的旅游项目定位为高端旅游，在实际开发利用之前，必须做好基础调查，查清资源，摸清环境，科学地做好具体方案的编制工作。大竹峙岛的功能定位为旅游娱乐用岛，不得借开发旅游为名发展工业等其他产业。对海岛的开发建设不得影响周边海域环境和渔业生产。

应将开发者的技术投入和对资源利用的效益情况作为主要考虑因素，严格禁止不成规模、开发档次低、严重毁坏或浪费无居民海岛资源的项目进入，避免低水平的重复建设。严禁只顾开发面积而不顾开发质量的粗放型利用模式和只顾开发数量而不顾环境保护的毁坏式开发项目。

2) 开发活动期间要采取对海岛保护的措施

(1) 节约资源，杜绝浪费。

对短期内不具备开发条件的旅游项目和配套设施，不能随意开发，或先占后用，应先保留，为今后开发留有余地。

(2) 控制开发强度。

海岛游客容量应充分考虑海岛生态容量(可利用淡水资源量、设施容量、保护区容量等)，根据大竹峙岛的自然资源特殊性，参照《旅游景区游客容量计算通用规范》，选取面积法来计算游客容量。

面积法。大竹峙岛面积 0.452 3 km²，其中保护区游客人数受到限制，面积占岛屿面积 35.6%，按照 400 m²/人标准计算(计算方法同线路法)，游客容量在 560 人。

全年可游览天数按 120 d 计算，则大竹峙岛年最大游客容量为 6.72 万人次。

（3）开发时序。

根据大竹峙岛旅游发展总体定位和开发内容，开发期为 4 年，划分一期、二期。

一期：重点建设基础设施和旅游服务设施，具备一定的旅游接待能力、较高的服务水平；重点建设观景度假区的综合服务中心、海景度假木屋等项目；加强生态环境的保护和管理，为发展提供良好的环境基础。

二期：建立完善的环境管理系统，对依托的生态环境进行严格管理监控；按照规划的要求，开发建设其余的旅游项目；完善旅游接待功能和服务水平。

（4）在开发过程中要注重环境保护。

对于海岛的森林和植被要加强保护，严禁乱砍滥伐；必须砍伐的，要边砍伐边种植，使海岛森林覆盖率和绿化率逐渐增加。对海岛的动植物要加强保护。

在进行开发活动，特别是基础设施以及旅游设施配套建设时，严格保护海岛及其周边海域的环境。

旅游基础设施建设应以不影响海岛自然景观和环境为前提，基础设施建设所需要的原材料原则上应由大陆运送。

海岛道路建设尽量采用透水材料，将道路建设与雨水集结技术相结合。

开发活动中尽量维持原海岛地形地貌，不得使岩礁、岸滩、植被以及周围海域环境遭到破坏。

施工过程中加强噪声污染管理，避免对野生动物的惊扰。码头施工时要合理安排工期，避开周边海域生物产卵季节。施工期加强"三废"管理。

3）项目在运营期间不得对环境造成危害

业主应制订海岛项目运营期间的环境保护预案并接受管理部门的监督检查。大竹峙岛海岛旅游开发应做到污染物零排放。海岛开发者必须根据项目配置相应的污水处理系统、垃圾回收及掩埋等设施；对不可分解之污染物必须运回大陆处理。运营期间要利用中水回用等技术，将处理后的中水用于灌溉、道路冲洗等，以达到水资源的循环利用。

（1）大竹峙岛旅游开发要考虑海岛环境承载力，注重生态环境的保护。

近年来，海岛的生态保护形势日益严峻，我国一些无居民海岛的开发利用，已经对当地的自然资源和生态环境的可持续发展造成极大压力，并有加重的趋势。无居民海岛的面积通常不大，但有许多珍贵的生物种类，这些物种目前依然保持着自己的自然状态，生存状态非常脆弱，人类的开发活动一旦对其造成破坏就难以恢复。解决这一问题首要是注意单位时间内旅游流量的控制。

（2）大竹峙岛的旅游开发应以政府为主导，统一进行规划。

海岛旅游的开发有两个关键性的影响因素：一是陆地与海岛之间的交通，二是岛上的基础设施建设。作为公共资源，这两者初期投入都比较大而回收期较长，针对这种情况，可以采取以下措施。

第一，对于交通问题，大竹峙岛应以小型化、多样化为主，鼓励引入社会资本。

大陆和海岛之间的交通要做到快捷与娱乐兼顾。大竹峙岛离洞头城区还有一段距离，旅游工具的选择应以小型化、多样化为主，娱乐性与快捷性并重。这是旅游的需要，也是海岛特殊条件下生存安全的需要。而且由于这些交通工具回收投资较快，所以对于社会资本吸引力较强。尽管价格较高，但是这同时是一个特点，可以通过价格机制调整旅游客流量，达到市场细分的目的。同时，引入社会资本，将公共交通旅游项目化，也降低了政府的财政负担。

第二，大竹峙岛旅游开发应以高端休闲度假产品为主。

目前浙江省进行旅游开发的无居民海岛较少，无居民海岛本身又地域狭小，容量有限，而且初期投入较高，不适宜发展大众化的旅游。因此，大竹峙岛旅游项目的选择应定位于高端的产品。一方面可以较快收回投资，从而有利于项目的进一步开发；另一方面也可以调节过量的需求，减轻海岛生态环境的压力，从而有利于大竹峙岛旅游的可持续发展。

4）利用海岛的单位和个人应承担海岛保护的义务

用岛单位在做开发利用具体方案和项目论证时，应尽可能采用集约、节约用岛的方案，将对海岛环境和生态影响减到最低，尽量维持岛体原貌，特别保护草坪、植被、沙滩和海岛冲蚀地貌等。

5.6.3　开发活动期间要采取对海岛保护的措施

1）控制开发强度

对于海岛旅游资源，要根据旅游区景点的容纳程度，开展与此相适应的旅游活动，控制游客量。对于海岛短期内不具备开发条件的旅游项目和配套设施，不能随意开发，确保海岛资源合理利用。

2）开发过程中要注重环境保护

大竹峙岛已经确定为旅游娱乐用岛，依照《中华人民共和国海岛保护法》，大竹峙岛及其周边海域"不得建造居民定居场所，不得从事生产性养殖活动"。开发建设期间，应严格根据《大竹峙岛保护和利用规划》要求进行开发建设。

大竹峙岛开发过程中对海岛的植被要加强保护，严禁乱砍滥伐。对旅游设施进行配套建设时，严格保护海岛以及周边海域的环境。尽量维持海岛的原形地貌，不得使礁岩、岸滩、植被以及周边的海域环境遭到破坏。

　　为保证海岛的可持续利用，开发单位在对大竹峙岛的开发过程中，特别是在房屋建筑设施设计施工中，应采取节能减排、低碳环保的措施。

　　旅游基础设施建设应以不影响海岛自然景观和环境为前提，基础设施建设所需要的原材料应由大陆运送，海岛道路建设尽量采用透水材料，将道路建设与雨水集结技术相结合。

　　3）运营期间对海岛的保护措施

　　大竹峙岛旅游开发应做到污染零排放。海岛开发单位必须根据项目，配置相应的污水处理系统、垃圾回收以及掩埋等措施；对于不可分解的污染物必须运回大陆处理。对岛上运营期间产生的生活污水、生活垃圾、废弃物，应按照国家和地方有关规定采取有效性高、操作性强的方法进行处理、处置或回用，保护海岛及其周边海域生态环境。区内可设置专门卫生管理机构和人员，由保洁队伍专门负责清扫、收集，并将垃圾及时进行处理。海岛景区内还要建立严格的卫生管理检查制度，对违反海岛生态旅游规定的游客进行必要的教育和处罚。

　　相关单位要做好游客的生态旅游意识工作。对游客做好宣传教育工作，积极倡导生态旅游。制定游客行为准则，鼓励游客保护海岛的生态环境，一旦发现游客出现违反准则行为，按严重程度进行处罚。

　　4）开发单位海岛保护的义务

　　开发单位应了解和遵守海岛保护法等相关法律法规，增强保护海岛的意识，必须始终贯彻"在保护中开发、在开发中保护"的原则，保护大竹峙岛及周边海域的生态系统。项目的开发建设应严格根据《大竹峙岛保护和利用规划》的要求进行。

　　开发单位在做开发利用具体方案和项目论证时，应尽可能采用集约、节约用岛的方案，将对海岛环境和生态影响减到最低，尽可能维持岛体原貌，特别保护水源、植被、岛体、冲蚀地貌等。积极配合海洋主管部门做好海岛保护的监督检查工作；协助海岛动态监测监视系统的定期保养、维护工作，一旦发现系统或设备运行不正常，开发单位有义务进行维修，确保其正常运行；对企业员工进行保护海岛的宣传教育，对上岛游客做好海岛保护友情提示工作，增强企业员工和游客的海岛保护意识。

　　5）开发利用项目应采取的防灾减灾措施

　　大竹峙岛作为一个无居民海岛，主要从森林火灾、台风、山体滑坡、保障游客安全等方面采取防灾减灾措施。

　　（1）森林防火：对森林火灾要有应急预案。在制高点建立瞭望塔，有专人巡查火情火势；设置一定的防火广告牌或警示语；在丛林内禁止吸烟、户外用火；切实做好防火防灾准备，建立防火隔离带、按规定建筑消防蓄水池；建立和培训专业和业余消防队伍。

（2）预防台风：大竹峙岛每年7—9月份台风活动频繁，尤其是8月份，时有破坏性较大的台风来袭，期间风雨较大，并伴有台潮。因此，岛上房屋选址及建造必须充分考虑抗风性，在台风来临前应派专人巡查，对树木、广告牌等进行加固。必要的时候需要封闭海岛，不得接待游客。

（3）山体滑坡预防和治理：在开发建设过程中不得有大量的爆破行为，不得大规模破坏地形地貌。建筑物或旅游设施选择要远离有地质灾害风险的地段。一旦发现有滑坡倾向，需要设置示警标志，并进行监测。尽量做到事前防治，山体滑坡一旦出现后应及时治理。

（4）保障游客安全：采取切实有效的措施，保障游客的安全。设立广播系统，准确播报涨潮与落潮时间，并建立相关工作制度；各项水上活动区配备相应的救生员；相关游步道两侧设立安全防护栏。

岛上游步道沿途及礁石、陡崖处有多处安全警示标志，如"小心""请勿前行""小心跌落""前方陡崖"等，此外在危险处均设有安全防护设施，如护栏、护墩、扶手等。岛上还需配备基本的急救设施和医护人员。

第6章 和美海岛建设范例与实践

6.1 全国和美海岛创建

2018 年，国家海洋局下发《关于海域、无居民海岛有偿使用的意见》并明确提出：要进一步加强海岛及其周边海域生态系统保护，提升海岛基础设施建设，改善海岛人居环境，开展生态美、生活美、生产美的和美海岛建设。2021 年 6 月，经全国评比达标表彰工作协调小组办公室批准同意，和美海岛列入全国第三批示范创建活动保留项目予以实施。

和美海岛创建示范工作是贯彻落实习近平生态文明思想和党的二十大精神，践行绿水青山就是金山银山的理念，以坚持生态优先、节约优先、保护优先为基础，同步推进物质文明建设与精神文明建设的重要举措。同时，该项工作也是展现美丽中国建设背景下，推动海岛保护管理水平提升的一项重要举措。此项工作是做好海岛管理的重要抓手，也是转变海岛生产建设方式，促进海岛地区经济社会全面绿色发展的重要契机。

2022 年 5 月 13 日，自然资源部办公厅发布《关于开展和美海岛创建示范工作的通知》（自然资办函〔2022〕856 号，以下简称《通知》），决定在全国沿海地区开展和美海岛创建示范工作，并提出了和美海岛创建示范工作的主要任务：建立和美海岛创建示范考评指标体系和工作机制，定期开展评选和跟踪评估，引导支持创建示范单位围绕海岛生态环境保护与资源节约集约利用方面的热点和难点问题进行实践探索，总结推广成熟的模式、机制，提升海岛保护利用和管理水平。

和美海岛创建周期为 5 年。每 5 年组织一次评选，考评结果优秀的获得和美海岛称号。称号有效期 5 年，期满后自动退出，可再次参加下一轮创建。考评指标包括生态保护修复、资源节约集约利用、人居环境改善、绿色低碳发展、特色经济发展、文化建设和制度建设共七个方面。

拟创建单位填写《和美海岛创建示范申报书》，并准备相关佐证材料，提交至县级人民政府。县级人民政府对申报材料进行审核后，逐级上报至省级自然资源（海洋）主管部门。省级自然资源（海洋）主管部门择优向自然资源部推荐备选名单，并提交相关申报材料。随后，自然资源部按照《和美海岛创建评审管理办法（试行）》组织评审工作。对省级推荐的备选名单进行初审，确定入围名单；再对入围名单进行评审，结果优秀的列入候选名单。

自然资源部于 2023 年 5 月 23 日通过《中国自然资源报》、自然资源部网站和中国海岛网，对和美海岛候选名单进行了公示。本书以成功入选和美海岛创建名单的玉环岛和大陈岛为范例，介绍和美海岛创建实践情况。

6.2　玉环岛和美海岛创建实践

玉环岛创建和美海岛的总体目标是，为贯彻落实习近平生态文明思想和党的二十大精神，践行绿水青山就是金山银山的理念，积极响应《通知》的号召，玉环市拟通过开展和美海岛创建示范工作，将玉环建设成"生态美、生活美、生产美"的和美海岛，促进玉环地区生态环境改善，人居环境和公共服务水平提升，居民收入显著提高，特色产业和绿色发展方式优势凸显，公众海岛保护意识普遍增强，推动海岛地区实现绿色低碳发展，促进资源节约集约利用，形成岛绿、滩净、水清、物丰的人岛和谐"和美"新格局。

6.2.1　玉环岛概况

6.2.1.1　地理位置

玉环市地处浙江省东南部、台州市东南端，东濒东海，南濒洞头洋与温州市洞头区相连，西隔乐清湾与温州市乐清市相望，北与温岭市接壤。位于 28°01′32″—28°19′24″N，121°05′38″—121°32′29″E 之间。市以岛命名，玉环市是台州、温州的海上门户，是连接长三角、浙江沿海和海峡西岸经济区的重要城市之一。玉环市现辖三街道六镇二乡，分别为玉城街道、坎门街道、大麦屿街道、楚门镇、清港镇、芦浦镇、干江镇、沙门镇、龙溪镇、鸡山乡、海山乡。

玉环岛现辖范围为玉城街道、坎门街道、大麦屿街道和芦浦镇。玉环岛面积为 197.007 km²，是浙江省第二大岛。全市最高峰位于楚门半岛北部清港镇的大雷山，系北雁荡山余脉，海拔 443 m，最低点位于大麦屿街道大岩头前沿水域-104 m。

6.2.1.2　海洋资源

海域资源：玉环市海域资源丰富，海域面积 1 901 km²。海洋自然风光优美，海岛文化特色显著，集港口航道、岸线、渔业、旅游、海岛等资源于一体，组合优势明显。玉环市海域根据地理特性可分为两部分，西面和西南面为乐清湾和乐清湾口门区，具有典型港湾特性，潮差大，潮流较急，但纳潮量受地形限制，水体交换能力差；东面为隘顽湾、漩门湾、披山洋直至东海，为开阔海域，底部平坦，水体交换能力强。

岸线资源：全市海岸线（大陆和海岛）约 351.6 km，大陆岸线总长 186.31 km，其中人工岸线 89.28 km，自然岸线 82.80 km，其他岸线 14.23 km；全市海岛岸线 165.29 km。

海岛资源：玉环市海岛资源丰富，主要包括茅埏岛岛群、玉环岛岛群和鸡山岛岛群，所辖海域内海岛数量为 156 个，其中有居民海岛 9 个，无居民海岛 147 个。海岛陆域总面积 18.36 km²，其中有居民海岛 12.98 km²，占总面积的 70.49%。玉环市所辖海岛中玉环岛、茅埏岛、鸡山岛、江岩岛、披山岛、大鹿岛共 6 个海岛已列入《浙江省重要海岛开发利用与保护规划》的 100 个重要海岛。玉环无居民海岛及其周边海域"渔、景、林、能"资源丰富。

海洋生物资源：玉环市周边海域生物资源丰富，沿岸有披山渔场。披山洋处于台湾暖流、浙江沿岸流、大陆径流三大水系交汇区，水温适宜，是鱼、虾、蟹等水产种质资源地，为省级大黄鱼、梭子蟹水产种质资源保护区，是鱼类的主要产卵、索饵和幼体繁育场所。玉环岛周边主要鱼类有大黄鱼、鲳鱼、海鳗、鲈鱼等 190 种，其中有经济价值鱼类 106 种、贝类 58 种、甲壳类 60 种。

滩涂资源：玉环市滩涂资源较为丰富，在基准面以上的有 147.9 km²（含漩门湾二期），滩涂资源可围垦面积约 74 km²，主要分布在乐清湾和漩门湾。全市 10 m 等深线浅海面积 533.57 km²，主要分布在玉城街道、海山乡和鸡山乡等地。

港口航道资源：玉环市天然港口条件优越，航道资源丰富。玉环岛周边海域深水资源丰富，尤其在大麦屿、鲜迭、黄门、连屿附近海域。其中大麦屿港自然条件优越，三面环山，风浪遮蔽条件好，介于宁波北仑港区与福建湄洲湾港区之间，是浙江省距台湾省最近的港口一类口岸，是台州唯一可直接建第四代集装箱码头的陆基港区，也是我国沿海 8 个天然避风港湾之一。港区常年不淤不冻。全市共有 4 条大型航道，其中东航道为目前大麦屿港区主要航道，水深 17 m，可满足 10 万吨级散货船单向乘潮通航。海域辽阔，海岸线绵延曲折，海湾众多。海湾面积 10 km² 以上的主要有乐清湾、漩门湾、坎门湾。

滨海旅游资源：玉环市滨海旅游资源十分丰富。现有国家 A 级旅游景区 10 个，其中国家 4A 级旅游景区 3 个、国家 3A 级旅游景区 7 个；有省级旅游风情小镇、省 4A 级景区镇 1 个；省 3A 级景区镇 3 个；有省 A 级景区村庄 64 个，其中省 3A 级景区村庄 12 个。岩雕艺术、观光农业、滨海湿地、休闲捕鱼、渔家美食构成了玉环旅游的内涵所在，玉环的渔家文化和渔家美食具有浓郁的地域特色，"渔家十八碗"和"玉环地方特色名菜"闻名遐迩。

6.2.1.3 社会经济

玉环市处于长三角经济圈和海峡西岸经济区的交汇处，是浙江省温台沿海产业发展带的中段，是浙江省深化两岸合作、深入接轨海峡西岸经济区和拓展长三角经济圈的海上桥头堡，是浙江构筑"东引台资、北接上海、南联闽粤、西拓内陆"开放大格局的重要区域之一。

根据玉环市 2023 年国民经济和社会发展统计公报，经济运行平稳向好。经初步核算，玉环实现生产总值 745.98 亿元，按可比价格计算，比上年增长 4.3%。其中，第一产业增加值 45.42 亿元，增长 2.9%；第二产业增加值 387.01 亿元，增长 2.0%；第三产业增加值 313.55 亿元，增长 7.5%。三次产业结构比例为 6.09∶51.88∶42.03。

农业生产扩量增效。全市实现农林牧渔业总产值 88.94 亿元，按可比价格计算，比上年增长 3.0%，增加值 45.91 亿元，增长 2.9%。其中，农业产值 8.15 亿元，增长 3.7%；林业产值 0.07 亿元，增长 220.4%；牧业产值 2.29 亿元，增长 5.5%；渔业产值 77.33 亿元，增长 3.1%；农林牧渔服务业产值 1.10 亿元，增长 5.4%。

玉环始终坚持"工业强市"战略不动摇，坚定不移地实施工业引领行动，深入推进强工助企攻坚计划，转型发展动能更加强劲，园区改造破题前行，深化实施"千亩百亿·双五行动"，坚持科技创新和数字赋能双轮驱动，深入推进高新技术企业"育苗造林"行动和科技型企业"双倍增"计划，齐心聚力产业质效提档升级。工业发挥"压舱石"作用。全市实现工业增加值 357.98 亿元，按可比价格计算，增长 1.9%。其中，年主营业务收入 2 000 万元及以上工业企业（以下简称规模以上工业企业）有 1 064 家，共实现产值 1 138.07 亿元，增速与去年持平，增加值 272.61 亿元，增长 0.3%。全市规模以上轻工业实现产值 137.95 亿元，比上年增长 2.6%，占规模以上工业总产值的 12.1%；重工业实现产值 1 000.11 亿元，下降 0.3%，所占比重为 87.9%。

人口资源平稳增长。2023 年末，玉环常住人口 64.3 万人，城镇化率 74.1%。户籍口径，截至 2023 年 11 月 30 日，全市共有 14.49 万户，人口总数 43.65 万人，比上年减少 758 人。总人口中，男性为 21.93 万人，女性为 21.72 万人，男女性别比为 100.97∶100。全年共出生 2 016 人，比上年减少 178 人，人口出生率为 4.62‰；死亡 3 590 人，比上年增加 654 人，死亡率 8.22‰；人口自然增长率为 −3.6‰，较上年下降

1.9 个千分点。

6.2.2　玉环岛创建指标体系评估结果

根据自然资源部办公厅发布的《和美海岛评价指标标准体系》，和美海岛创建要求中提出"生态保护修复、资源节约集约利用、人居环境改善情况、低碳绿色发展、特色经济发展、文化建设、制度建设"七个方面共 36 个指标，通过对玉环市 2017—2022 年各项生态文明建设创建工作开展情况的梳理，综合运用文件资料分析、现场调研、效果评估等技术手段，开展玉环市和美海岛创建效果自评估。

6.2.2.1　生态保护修复指标评估

1）植被覆盖率

根据玉环市三调土地利用现状分类面积统计数据，玉环岛植被总面积为 9 351.23 hm²，即 93.51 km²，其中包含乔木林地、竹林地、灌木林地和牧草地等。根据浙江省测绘科学技术研究院《2021 年玉环市海岸线年度监测报告》，玉环岛面积总和为 197.007 km²，故植被覆盖率为 47.47%。根据指标要求中"40%≤植被覆盖率<50%，得 2 分"，玉环市植被覆盖率得 2 分。

2）自然岸线保有率

玉环岛岸线数据来自"国家新修测海岸线成果"和玉环岛实测岸线，其中实测岸线数据源于浙江省测绘科学技术研究院《2021 年玉环市海岸线年度监测报告》中对于玉环岛的特殊海岛说明。玉环岛海岛岸线总长度为 126 387.32 m，其中自然岸线长度为 64 650.07 m，主要为基岩岸线和砂质岸线；人工岸线为 61 737.25 m，主要有构筑物和填海造地。

故玉环市自然岸线保有率 = 64 650.07/126 387.32 = 51.15%。根据指标要求中"50%≤保有率<60%，得 2 分"，玉环市自然岸线保有率得 2 分。

3）岸线退让距离

玉环市近三年来，海岸线向陆 100 m 范围内有新建建筑物，此项不得分。

4）野生动植物保护效果

台州市生态环境局玉环分局于 2020 年开展了生物多样性本底调查工作，调查对象包括生态系统、陆生维管植物、陆生脊椎动物（两栖动物、爬行动物、鸟类、哺乳动物）、陆生昆虫和淡水水生生物等。经统计，玉环市内生物种类繁多，生态系统结构完整，共纪录到陆生维管植物 175 科 1 258 种，其中有国家重点保护野生植物 24 种；陆生脊椎动物 29 目 82 科 270 种，其中国家重点保护野生动物 41 种，包括国家 I 级重点保护动物 5 种、国家Ⅱ级保护动物 36 种。

针对野生植物：玉环市组织野生植物资源调查，建立国家重点保护野生植物资源档案，为确定国家重点保护野生植物名录及保护方案提供依据，对国家重点保护野生植物进行动态监测。禁止采集国家重点保护野生植物，有特殊情形除外。其他野生植物保护和管理办法参照《农业野生植物保护办法》。玉环市于 2022 年发布了林长令，开展林长巡林工作，加强对林业资源的保护。

针对野生动物：玉环市对野生动物及其栖息地状况开展调查、监测和评估，拟定野生动物及其栖息地相关保护规划和措施，并将野生动物保护经费纳入预算。禁止违法猎捕、运输、交易野生动物，禁止破坏野生动物栖息地。其他野生动物保护和管理办法参照《中华人民共和国野生动物保护法》。玉环市人民政府于 2020 年发布禁猎陆生野生动物的通知，为加强陆生野生动物的资源保护，在全市范围内禁猎陆生野生动物。玉环市人民政府办公室于 2022 年发布《关于建立玉环市野生动植物保护工作联席会议制度的通知》，主要职责包括统筹协调解决野生动植物保护管理中的重难点问题。

玉环市还建立了重点生物类群长期跟踪监测的机制，并大力开展宣传工作，普及生物多样性知识，提升社会公众对于保护野生动植物的积极性。2022 年 4 月，玉环市开展 2022 年野生动植物保护宣传月暨"爱鸟周"入校宣传活动，旨在让学生群体认识鸟类，增强保护鸟类意识，传播生态文明理念，保护生物多样性，推动生态文明建设。

此外，玉环市自然资源和规划局与玉环楚门老杨畜禽诊所签订了《玉环市野生动物救护收容合同》，为野生动物收容救护提供必要场所，配备相应的技术人员、救护工具、设备和药品等。玉环市自然资源和规划局也与专业救护人员签订了《玉环市野生动物救助服务合同》，保障辖区范围内野生动物的日常救护工作。由此，玉环市野生动植物保护效果较好，国家重点保护野生动植物保护率为 100%。

综上，玉环市野生动植物保护效果得 3 分。

5）生态保护红线划定及保护措施

生态红线矢量来源于三区三线数据，由此计算出玉环市生态保护红线面积为 23.48 km^2，主要包括：玉环市里墩-大坑里-横培-石门坎-玉潭水库水源涵养生态保护红线，玉环市里澳水库-里岙山塘-营岙水库及双庙水库-东风水道水源涵养生态保护红线，三条青海岸重要区生态保护红线和浙江玉环漩门湾国家湿地公园生态保护红线。

根据浙江省测绘科学技术研究院《2021 年玉环市海岸线年度监测报告》，玉环岛面积为 197.007 km^2，因此纳入生态保护红线面积比例=海岛上纳入生态红线保护的面积/海岛总面积×100%=11.92%。根据指标要求中"10%≤面积比例<30%，得 1 分"，玉环市生态保护红线划定及保护措施得 1 分。

6) 开展生态保护修复情况

根据玉环市 2021 年省海洋综合管理专项资金分配表，近年开展的生态保护修复项目如下。

(1) 台州市玉环市海洋生态保护修复项目(国家蓝湾项目)。项目主要内容包括：乐清湾红树林种植及防护工程、玉环东部沙砾质岸线修复项目、玉环海堤生态化修复项目。项目总投资 5.101 6 亿元，其中地方资金 2.101 6 亿元，申请中央财政资金 3 亿元。目前玉环市完成整治修复岸线 8.3 km，红树林 44 hm²，盐沼 4 hm²。执行率达 100%。

(2) 海洋生态建设示范区项目。玉环市 2021 年积极落实海洋生态建设示范区项目，包括全市互花米草监视监测与防控防治、红树林动态监测与生态修复、海岸线整治修复和玉环国家级海洋生态文明示范区建设效果评估。投入资金约 352 万元。目前已完成红树林动态监测项目和互花米草调查项目，调查了红树林生长状况，开展了互花米草治理和监视监测工作。

综上，玉环岛岛体、植被、岸线、沙滩、周边海域及典型生态系统均开展了生态保护修复，且取得了省级以上的资金支持。针对外来物种入侵，采取了互花米草的入侵防控与监视监测。因此，开展生态保护修复情况得 3 分。

7) 开展监视监测情况

岸线：玉环市自然资源和规划局连续三年开展了海岸线监视监测项目，重点调查监测大陆和海岛岸线类型、位置、长度等属性的变化情况，包括海岸线使用的项目名称、用海类型、用海方式、范围等，已使用的海岸线类型、位置、长度等。玉环市大陆和海岛海岸线调查统计成果的更新，为海岸带保护与利用总体规划、加强海岸线分类保护、整治修复以及海域使用综合管理等提供技术数据和科学依据。

水质：台州市生态环境局玉环分局 2022 年每月均开展水质的常规监测，监测地点包括玉环市水库和玉环市环境监测站，主要开展地表水的水温、pH 值、电导率、溶解氧、高锰酸盐指数、化学需氧量、五日生化需氧量、氨氮、氯化物、氟化物、硫酸盐、硝酸盐氮、叶绿素 a、氰化物、石油类、透明度、粪大肠菌群及相关微量元素的监测。

土壤：台州市生态环境局玉环分局监督地方能源公司和工厂定期开展土壤监测并出具报告，包括华能(浙江)能源开发有限公司玉环分公司、隆中控股集团有限公司、台州安玛电镀有限公司、台州碧秀环境科技有限公司、台州丰华铜业有限公司、台州华浙环保科技有限公司、台州环城电镀有限公司、台州江旭铜业有限公司等近 80 家工厂和企业。

开发利用活动：玉环市自然资源和规划局除发布年度监管计划外，对年度国土变更情况开展调查与监视监测。

根据玉环市自然资源和规划局及台州市生态环境局玉环分局数据统计，玉环市近年来开展的监视监测情况有：海岸线调查监测项目、水质常规监测、土壤常规监测、年度土地开发利用情况变更调查。根据指标要求中"每年开展过四种及以上覆盖整岛监视监测活动的，得4分"，玉环市开展监视监测情况得4分。

6.2.2.2 资源节约集约利用指标评估

1）岛陆开发程度

根据浙江省测绘科学技术研究院《2021年玉环市海岸线年度监测报告》，玉环岛面积总和为197.007 km²，2021年建设用地面积（即开发利用面积）为56.51 km²，故玉环岛的岛陆开发程度为28.68%。根据指标要求中"20%<开发程度≤30%，得2分"，玉环市岛陆开发程度得2分。

2）海岛利用效率

由地方税务局提供资料，2021年玉城街道、大麦屿街道、坎门街道和芦浦镇税收总额为54.51亿元，2021年玉环岛岛陆开发面积为56.51 km²；2020年玉城街道、大麦屿街道、坎门街道和芦浦镇税收总额为48.73亿元，2020年玉环岛岛陆开发面积为55.81 km²。

海岛利用效率增长率=（申报前一年海岛地区企业税收收入/申报前一年岛陆开发面积－前两年海岛地区企业税收收入/前两年岛陆开发面积）/（前两年海岛地区所有企业税收收入/前两年岛陆开发面积）×100%=（54.51/56.51－48.73/55.81）/（48.73/55.81）×100%=10.48%，根据指标要求中"增长率≥5%，得2分"，玉环市海岛利用效率得2分。

3）资源产出增加率

据统计，2021年玉环岛税收总额为54.51亿元，全市能源消费总量约为244.83×10⁴ t标准煤；2022年玉环岛税收总额为51.70亿元，全市能源消费总量约为224×10⁴ t标准煤。能源消费总量标准煤计算参考《2020年台州市能源发展报告》中"各能源品种折标系数"。

因此，资源产出增长率=（申报前一年海岛地区企业税收收入/申报前一年海岛能源消耗总量－前两年海岛地区企业税收收入/前两年海岛能源消耗总量）/（前两年海岛地区企业税收收入/前两年海岛能源消耗总量）×100%=（51.70/224－54.51/244.83）/（54.51/244.83）×100%=3.66%，根据指标要求中"增长率≥3%，得2分"，玉环市资源产出增加率得2分。

4）资源节约利用

玉环市近五年开展的资源节约利用项目有大麦屿污水处理厂中水回用工程和亚海

水淡化工程，此项得 2 分。

6.2.2.3　人居环境改善指标评估

人居环境改善领域包括空气质量优良天数比例、地表水水质达标率、饮用水安全覆盖率、污水处理率、周边海域水质优良率、生活垃圾分类处理率、电力通信保障、交通保障、防灾减灾能力建设 9 个具体指标。

1）空气质量优良天数比例

根据浙江省生态环境厅 2023 年 1 月发布的 2022 年 1—12 月浙江省环境空气质量情况，玉环市 2022 年 AQI（即空气质量优良指数）为 98.6%，根据指标要求中"优良天数比例≥90%，得 3 分"，玉环市空气质量优良天数比例得 3 分。

2）地表水水质达标率

根据 2022 年玉环市县控及以上地表水和水库功能区达标情况表，玉环市共有县控以上监测点 15 个，其中 2 个省控监测点，6 个市控监测点，7 个县控监测点，达到Ⅲ类标准的监测点有 13 个。因此，地表水水质达标率=国控、省控等监测点位水质达到或优于Ⅲ类标准的数量/监测点总数×100%=13/15×100%=86.67%，根据指标要求中"达标率≥80%，得 1 分"，玉环市地表水水质达标率得 1 分。

3）饮用水安全覆盖率

根据玉环市 2022 年集中式饮用水水源地水质情况表，玉环岛有 8 个饮用水水源地，水质均为Ⅱ类，符合国家《生活饮用水卫生标准》，且供应全岛居民的生活用水。故玉环市饮用水安全覆盖率为 100%，此项得 3 分。

4）污水处理率

根据玉环市住房和城乡建设局提供数据，2022 年玉环污水厂污水处理率为 96.5%，农村污水处理率为 93%。根据指标要求中"城镇污水集中处理率≥85%或农村污水处理率≥80%，得 3 分"，玉环市污水处理率得 3 分。

5）周边海域水质优良率

根据《浙江省海洋功能区划（2011—2020 年）》中海洋功能分区及管理要求，大麦屿港口航运区要求不劣于四类海水水质标准，坎门农渔业区要求不劣于二类海水水质标准，玉环东农渔业区要求不劣于二类海水水质标准，漩门工业与城镇用海区执行不劣于三类海水水质标准。

根据《2021 年台州市玉环县海洋生态环境监测报告》，2021 年 8 月玉环市近岸海域海水水质状况为：大麦屿港口航运区海水水质为二类或三类海水水质，坎门农渔业区为二类海水水质，玉环东农渔业区为二类海水水质，漩门工业与城镇用海区为二类海水水质。

玉环市 2022 年近岸海域水环境保护工作考核优秀，现阶段大麦屿港口航运区、坎门农渔业区、玉环东农渔业区和漩门工业与城镇用海区均满足管控要求。根据指标要求中"周边海域水质达到二类海水水质的，得 2 分"，玉环市周边海域水质优良率得 2 分。

6）生活垃圾分类处理率

玉环市综合行政执法局、农业农村水利局资料表明：玉环市生活垃圾分类普及率为 100%，无害化处理率为 100%。根据指标要求中"生活垃圾分类普及率≥90%，得 2 分；生活垃圾无害化处理率≥90%，得 2 分"，此项得 4 分。

7）电力通信保障

国网浙江省电力有限公司玉环市供电公司积极确保电力稳定供应，截至 2022 年底，全社会用电量 $57.02×10^8$ kW·h，城乡居民生活用电 $10.12×10^8$ kW·h。全年供电量可以满足社会用电量，保障城乡居民的日常生活。

玉环市政府积极投入"数字台州"的建设，截至 2022 年底，玉环市 4G 通信讯号基站共有 1 901 座，满足全岛信号覆盖。目前正加快推进 5G 移动通信基础设施建设，夯实数字经济发展基石，助力新时代数字玉环、新时代民营经济高质量发展强市建设。2022 年建成 5G 基站 410 个，实现各乡镇（街道）5G 信号全覆盖，满足区域网络建设、性能、应用等需求。

因此，玉环市已实现 24 小时无限时供电，并且拥有 4G 以上通信讯号覆盖全岛，故此项得 3 分。

8）交通保障

玉环市综合交通运输"十四五"发展规划涵盖了公路、铁路、水路、航空部分，随着沿海高速公路乐清湾大桥及连接线、228 国道大麦屿疏港公路的顺利通车，杭绍台高铁温岭至玉环段的开工建设，玉环结束了无高速、无国道、无铁路的"三无"时代。撤县设市以来，玉环完成交通项目投资 110.8 亿元，新增等级公路 108.5 km，"五纵五连一环岛"交通架构基本成形，现有 4 个主要对外公路通道、16 个对外车道。

根据指标要求中"各主要街道、自然村均有硬化道路通达的，得 1 分；有公路、铁路、定期航班直达或有日均 4 次及以上固定客运或邮轮直达的，得 2 分"，玉环岛主要街道、自然村均有硬化道路通达，有公路直达，故交通保障得 3 分。

9）防灾减灾能力建设

防灾减灾方面管理制度：玉环市建立有防灾减灾管理机构如玉环市应急管理局和玉环市人民政府防汛防台抗旱指挥部。定期颁布防灾减灾方面的管理制度文件，具体如下：①玉防汛〔2021〕8 号 玉环市人民政府防汛防台抗旱指挥部《关于印发〈玉环市防汛防台抗旱应急物资储备调拨使用制度〉的通知》；②玉防汛办〔2022〕6 号 玉环市人民政府防汛防台抗旱指挥部办公室《关于印发〈突发重大险情灾情信息报送机制〉等 8 项机制的通知》；③玉应急〔2022〕18 号 玉环市应急管理局《关于印发〈玉环市 2022 年度避灾安置场所建设实施方案〉的通知》；④玉应急〔2019〕67 号玉环市应急管理局、玉环市商务局《关于建立救灾物资储备使用管理联动机制的通知》。

专项资金投入：玉环市相关部门定期投入专项资金的文件如下：玉应急〔2022〕52 号 玉环市应急管理局　玉环市财政局《关于拨付 2022 年省安全生产及应急管理专项资金的通知》。此外，玉环市人民政府办公室印发了《关于印发玉环市海洋灾害应急预案的通知》，并开展海洋方面防灾减灾宣传活动。

综上，玉环市建立有防灾减灾管理机构和管理制度并实际运行，在保障海岛防灾减灾能力的基础上，投入专项资金，制定颁布相关海洋灾害技术、管理文件，定期开展防灾减灾宣传教育活动，并且积极投入海塘安澜工程建设。根据指标要求，玉环市防灾减灾能力建设得 3 分。

6.2.2.4　低碳绿色发展指标评估

1）新建绿色建筑比例

根据玉环市住房和城乡建设局统计数据，三年内玉环新建建筑总面积为 $233.90 \times 10^4 \, m^2$，其中绿色建筑面积为 $180.10 \times 10^4 \, m^2$。绿色建筑建设标准均符合《浙江省绿色建筑条例》，所以新建绿色建筑比例 = 新建绿色建筑面积/新建建筑总面积×100% = $180.10/233.90 \times 100\% = 77\%$，指标中要求"近三年，无新建建筑或新建绿色建筑比例≥75%，得 2 分"，此项得 2 分。

2）新能源公共交通比例

截至 2022 年底，玉环岛城乡公交共有 222 辆，其中新能源公共汽车共有 136 辆（包含电动公交和 LNG 新能源公交）。运营公司主要有：玉环玉汽公共交通有限公司、玉环市大麦屿环通公交客运有限公司和玉环市港源公交客运有限公司。新能源公共交通比例为 61.26%，根据指标要求中"比例≥60%，得 2 分"，玉环市新能源公共交通比例得 2 分。

3）清洁能源普及率

玉环岛可再生能源主要有光伏发电、海上风电、垃圾发电、潮汐发电等。根据浙江省发改委、省能源局印发的《2022 年全省能源保障政策》，要全面落实原料用能抵扣政策，对原料用煤、用油、用天然气，不纳入能耗强度和总量考核。用足用好新能源能耗抵扣政策，对地方新增可再生能源消费量，不纳入能耗总量考核。因此消耗能源总量以全年用电量来计算。2022年海岛可再生能源生产值为 $120\ 337.6×10^4\ kW·h$，全年用电量为 $262\ 022.846\ 1×10^4\ kW·h$。清洁能源普及率=海岛消耗清洁能源总量/海岛消耗能源总量×100% = $120\ 337.6/262\ 022.846\ 1×100% = 45.93%$。根据指标要求中"40%≤普及率<60%，得2分"，玉环市清洁能源普及率得2分。

4）蓝碳探索与实践情况

玉环市近年来开展红树林生态保护修复项目，恢复近岸红树林和盐沼生态系统服务功能，促进生物多样性保护，提升岸线稳定性和自然灾害防护能力，恢复岸线生态功能，完善海洋生态系统保育保全，为玉环筑牢海洋生态安全屏障。

根据宁波海洋研究院编制的《2020—2021年玉环市红树林动态监测项目成果报告》，玉环市现存红树林总面积为 $46.29\ hm^2$（694.3亩）。其中玉城街道为 $65.27\ hm^2$（979.0亩），占比57.8%；大麦屿街道 $7.73\ hm^2$（115.9亩），占比6.8%。玉环岛红树林面积为 $72.99\ hm^2$（1 094.9亩）。

根据《浙江省玉环市红树林现状及保护发展对策》（孙海平，2020），2019年玉环岛红树林面积为 $15.93\ ha$，约为238.95亩。因此，近五年蓝碳生态系统面积增加率 =（1 094.9-238.95）/238.95×100% = 358.21%，增加率>5%，根据指标要求中"蓝碳生态系统面积增加率≥5%，得2分"，玉环岛蓝碳生态系统面积增加率得2分。

玉环市自然资源和规划局于2022年8月与杭州希澳环境科技有限公司签订合同，开展盐沼、红树林、淤泥质光滩、无居民海岛及其植被和海域水体五类生态系统的调查。因此，根据指标要求中"开展有海岛碳储量调查、碳汇监测、蓝碳技术相关研究的，得1分"，故蓝碳探索与实践情况此项得3分。

6.2.2.5　特色经济发展指标评估

1）人均可支配收入

根据玉环市统计局数据，2022年人均可支配收入为71 680元，2021年人均可支配收入为68 138元，人均可支配收入增长率为5.2%。根据指标要求中"增长率≥5%，得3分"，玉环市人均可支配收入得3分。

2）生态旅游

玉环市漩门湾湿地景区于2020年被批准为国家4A级旅游景区，漩门湾湿地景区在门口设置了垃圾分类的宣传标语，并开展了湿地生态保护的科普教育活动。玉环东沙渔村景区于2016年被批准为国家3A级旅游景区，景区内设有垃圾分类和爱护生态环境的告示牌。百丈岩景区于2022年被批准为台州市市级"无废景区"，推进固体废物源头减量，提高固体废物收运处置和资源化利用能力，提高全社会资源利用效率，助力"无废城市"建设。

根据指标要求中"具有 4A 级景区的，得 2 分；通过树立环保标示牌、现场环保宣讲解说等将环境教育融入旅游发展，开展生态环境保护宣传、科普的，得 1 分"，玉环市生态旅游得 3 分。

3）农渔业等特色产业

玉环文旦获得农业农村部颁发的农产品地理标志认证，对虾获得浙江省农业农村厅无公害水产品认定。特色产业有玉环文旦种植业和对虾养殖业，此项得 2 分。

4）海岛特色发展模式探索与创新

品牌标示方面：玉环市于 2020 年被评为省级生态文明建设示范市，玉环市坎门街道凭借"东海渔俗文化"被评为浙江省第五批非物质文化遗产旅游景区。2023 年玉环有6 个项目入选浙江省服务业高质量发展"百千万"工程，项目聚焦战略支撑型、产业赋能型、生活美好型三大方向。主要包含：酷车小镇科技产业服务园基础设施及配套建设项目，网营物联（浙东南）智慧供应链区域运营总部项目（二期），大麦屿能源（LNG）中转储运项目，玉环市科创园基础设施建设项目，坎门街道沙滩文化旅游项目和海山岛生态旅游开发项目。此外，玉环市建有以海洋经济发展为特色的品牌：坎门国家级中心渔港。

特色发展方面：玉环市大力推进学校在非物质文化遗产教育和传承中的积极作用，加大非物质文化遗产传承教学力度和非物质文化遗产的教育普及，开展非物质文化遗产传承教学基地的申报工作。玉环市第一批非物质文化遗产传承教学基地为坎门第二初级中学，第二批非物质文化遗产传承教学基地为玉环市城关中心小学、玉环市中等职业技术学校、玉环市陈屿中心小学。其中，坎门第二初级中学凭借坎门鱼龙灯节目《鱼龙舞动，青春飞扬》获得了浙江省非物质文化遗产传承教学基地优秀案例。玉环市非物质文化遗产传承教学基地的发展符合地方的自然资源情况，进一步传承和弘扬了海岛特色传统文化。

根据指标要求中"具备省级及以上品牌标示的，得 2 分；发展有符合地方自然资源情况、生态环境情况的特色产业，如：特色教育、文化体验、康体疗养等，得 1 分"，玉环市海岛特色发展模式探索与创新得 3 分。

6.2.2.6　文化建设指标评估

1）物质文化保护情况

玉环市坎门验潮所于 2014 年被浙江省人民政府批准为国家级文物保护单位，三合潭遗址于 2015 年被浙江省人民政府批准为省级文物保护单位，泗边小鹿巡检司城遗址和《圣训诗》摩崖题记于 2018 年被列入省级文物保护单位。

玉环有物质文化被纳入省级及以上保护名录项目，并开展维护、宣传等加以保护，此项得 3 分。

2）非物质文化传承和保护情况

玉环市国家级和省级非物质文化遗产名录如下。

（1）国家级非物质文化遗产名录。玉环坎门花龙于 2011 年入选第三批国家级非物质文化遗产名录中的传统舞蹈项目。

（2）省级非物质文化遗产名录。

● 玉环渔民号子：玉环渔民号子入选第一批浙江省非物质文化遗产扩展项目名录中的传统音乐项目。玉环渔民号子是伴随着海洋渔业生产活动而产生和发展的一种民间音乐形式，其用闽南方言演唱，旋律流畅，易学易传。在同类的渔民号子中，玉环渔民号子以其粗犷雄浑的旋律，鲜明独特的个性，折射出无穷的魅力，闪耀着夺目的光彩。

● 坎门鳌龙鱼灯舞：坎门鳌龙鱼灯舞入选第三批浙江省非物质文化遗产名录中的传统舞蹈项目。源自民间的群体性舞蹈艺术，参舞者凭借鳌龙鱼虾造型的灯彩道具和形象直观的舞蹈语言，表达渔民征服海洋的意志与丰收祈求。

● 延绳钓捕捞技艺：延绳钓捕捞技艺入选第四批浙江省非物质文化遗产名录中的传统技艺项目。它是一种古老又原始的捕捞方式，已被世界公认为最佳生态捕捞方式之一。它根据海况、水色确定作业渔场；根据风、水流方向变化，采用不同放钓方向。

● 玉环鼓词：玉环鼓词入选第五批浙江省非物质文化遗产名录中的曲艺项目。自晚清光绪年间从温州瑞安传入，至今已有一百多年的历史。温州鼓词过去是盲人操之为业，也称"瞽词""盲词"，清代文人杨淡风曾说："有瞽原来出古经，鼓词唱得实堪听，漫言盲目无才思，瞽议于今已满庭。"流传到玉环后称"唱词"，曲目大多根据古代小说、历史传记、神魔斗法以及民间传说故事改编，演唱时讲究字正、腔圆、板稳。

3）特色文化传承和保护情况

（1）"少年非遗说"玉环传说故事讲述大赛：玉环市每年举办"少年非遗说"玉环传说故事讲述大赛，传承典故传说让乡土文化得以延续和传承，如《鹿岛传说》《漩门湾的故事》《虾卷弹、红头鲳和水潺》等，悠远的传说故事彰显着玉环鲜明独特的海岛文化魅力。

（2）坎门鱼龙灯传承教学基地：玉环市大力推进学校在非物质文化遗产教育和传承中的积极作用，加大非物质文化遗产传承教学力度和非物质文化遗产的教育普及，开展非物质文化遗产传承教学基地的申报工作。坎门第二初级中学凭借坎门鱼龙灯节目

《鱼龙舞动，青春飞扬》获得了浙江省非物质文化遗产传承教学基地优秀案例。

（3）玉环剪纸传承教学基地：玉环剪纸是一种流行于浙江玉环一带的剪纸流派，发源于明清时期，属于南派剪纸。玉环剪纸工艺独特，刻与染结合，剪与贴并用，以形式多样、线条简练、色彩艳丽著称，在南方剪纸流派中与江苏扬州、广东佛山、浙江乐清（一说江苏金坛）的剪纸齐名。2012 年 6 月，被列入浙江省第四批非物质文化遗产目录。

综上，"少年非遗说"玉环传说故事讲述、坎门鱼龙灯传承教学基地和玉环剪纸传承教学基地让玉环特色文化得到传承和保护，故此项得 3 分。

6.2.2.7　制度建设指标评估

1）海岛保护与利用管理制度

（1）规划制订情况：玉环岛规划制订有《玉环县域总体规划（2006—2020 年）》《玉环市县级国土空间总体规划（2020—2035 年）》和《玉环县海岛保护规划（2015 年）》。

（2）制度制定情况：玉环市制定有滩长制、河（湖）长制和建立野生动植物保护工作联席会议制度，旨在保护潮滩、河湖和野生动植物。

"滩长制"工作由浙江渔场修复振兴暨"一打三整治"协调小组统一组织实施推进。主要任务包括：分级落实辖区海滩岸线管理；非法占用海滩，非法修、造、拆船舶的巡查、监管、查处；海滩入海排污口的排查和建档报送、农药清滩行为巡查等。

河（湖）长制是负责组织领导相应河湖治理和保护的一项生态文明建设制度创新，通过构建责任明确、协调有序、监管严格、保护有力的河湖管理保护机制，为维护河湖健康生命、实现河湖功能永续利用提供制度保障。

野生动植物保护工作联席会议制度统筹推进野生动植物保护工作，严厉打击破坏野生动植物资源行为，助力玉环市生物多样性保护并维护林业生态安全。

因此，玉环岛规划制订有《玉环县域总体规划（2006—2020 年）》《玉环县海岛保护规划（2015 年）》，制度制定有滩长制、河（湖）长制和建立野生动植物保护工作联席会议制度，此项得 3 分。

2）创建活动机制建设情况

玉环市政府高度重视和美海岛创建示范工作，成立创建示范工作领导小组并制定《玉环市和美海岛创建示范工作实施方案》，此项得 2 分。

3）其他品牌建设情况

玉环市被评为 2020 年浙江省新时代美丽乡村示范县和 2021 年全国休闲农业重点县。玉环市时尚家居小镇被评为 2019 年浙江省省级特色小镇，且考核结果为优秀。

根据指标要求中"近五年，获得省级及以上荣誉称号，如国家级生态旅游示范区、美丽乡村、特色小镇、休闲农业与特色旅游示范县等，每有一项，得1分"，此项得2分。

4）社会认知度和公众满意度

此次发送有效问卷共计835份。从12个问题的结果反馈来看，本次受访对象的年龄主要集中在31~45岁之间，其次是46~60岁和19~30岁人群；文化程度中本科以上约占50%；大多数是机关事业单位工作人员，还有部分企业人员、个体户和其他。其中约94.7%的人群知晓玉环市开展的和美海岛创建工作，100%的人支持和美海岛创建工作。这些人群对玉环市海岛生态环境的评价、资源节约集约利用发展形势、人居环境、生态旅游和农渔业特色产业发展的满意度均在95%以上，对玉环市低碳绿色发展情况和海洋历史文化与习俗的了解程度均在90%以上。

通过对本岛居民的随机调查得出和美海岛创建活动的公众认知和满意结果，问卷调查结果显示，玉环市社会认知度和公众满意度均大于80%，此项得3分。

5）和美海岛宣传报道

玉环市通过走进校园、乡镇、公园、广场，开展多种形式的普及宣传活动，广泛宣传，积极动员，提高市民对和美海岛建设的认知度和关注度。并建设和美海岛宣传固定场所，在社区、街道公告栏上定期向群众宣传和美海岛创建进程。主要宣传渠道有：公众号推文、现场展示活动、公交车广告投放、公交站广告投放、乡镇广告牌、口罩及购物袋发放，开展"和美海岛"杯鸟类摄影比赛。宣传渠道7种，宣传频次15次。《中国自然资源报》于2023年3月9日报道了《浙江玉环积极创建和美海岛》，中央电视台曾报道玉环岛非物质文化遗产之一的延绳钓捕捞技艺。此项得2分。

6.2.2.8 小结

根据《和美海岛评价指标标准体系》，玉环岛和美海岛创建自评估分数为91分，具体情况如下。

生态保护修复：玉环牢固树立"绿岛蓝湾也是金山银山"理念，积极推进国家蓝湾等海洋生态保护修复，建成我国纬度最北的红树林，面积达113.33 hm²（1 700亩）。漩门湾国家级湿地公园，是全国最大的野生黑嘴鸥栖息地和全球濒危珍稀黑脸琵鹭越冬区，获中国生态保护最佳湿地。获全国首批国家级海洋生态文明建设示范区和省级海洋生态建设示范区，连续5年美丽浙江建设考核优秀。

资源节约集约利用：玉环岛陆开发程度28.68%，海岛利用效率增长率10.48%。建有海水淡化和中水回用设施，有国内首个亚海水淡化主题节水教育馆。系全国首批自然资源节约集约示范市、国家首批再生水利用配置试点城市。

人居环境改善：玉环坚持打好人居环境综合整治组合拳，饮用水安全覆盖率100%，污水处理率96.5%，生活垃圾分类普及率和无害化处理率100%，实现24小时供电，4G通信全覆盖。高速、国道通车，高铁在建，出行更便捷。获国家卫生城市、国家园林城市、浙江首批清新空气示范区。

低碳绿色发展：玉环是浙江省低碳试点县，绿色建筑比例达77%，新能源公共交通比例61.71%。蓝碳生态系统面积增加率358.21%。光伏、风力发电项目实现并网，清洁能源普及率45.93%，系全国整县推进分布式光伏试点县。

特色经济发展：玉环2022年城乡居民人均可支配收入71 680元，居全国县市第二。依海岛资源禀赋，做足海岛旅游文章，有国家4A级景区。发展第一产业精品，享有中国文旦之乡、中国东海带鱼之乡等美誉。坚持依港而兴、向海图强，大麦屿港为国家一类口岸，开通国际国内航线16条，集装箱年吞吐量突破40万标箱，为"一带一路"重要的海上通道。民营经济发达，上市公司9家，有中国阀门之都、中国汽车零部件产业基地等国字号品牌。

文化建设：玉环是全国文化先进县，拥有多元而独特的海岛文化，坎门花龙、坎门验潮站分别入选国家级非物质文化遗产名录和全国重点文物保护单位。玉环持续做强闯海节、文旦旅游节等文旅"IP"，入选全国县域旅游综合实力百强。

制度建设：玉环根据海岛自然资源、生态环境禀赋制定了保护和管理制度，制定有滩长制、河(湖)长制和建立野生动植物保护工作联席会议制度。玉环市被评为2020年浙江省新时代美丽乡村示范县和2021年全国休闲农业重点县。玉环市时尚家居小镇被评为2019年浙江省省级特色小镇。

玉环岛因海而生，依海而荣，在习近平总书记"建设花园式港口城市，打造浙东南地区重要发展极"重要嘱托的指引下，全岛上下奋力建设和美海岛，高规格成立领导小组并制定实施方案，人岛和谐的和美愿景已成现实。玉环将继续逐梦深蓝，以和美海岛创建为主抓手，在"伴山向海"中塑造发展新格局，在"园中建岛"中展露海岛新颜值，打造人居环境协调发展的典范。

6.2.3　和美海岛创建工作措施

6.2.3.1　加强组织保障力度

玉环市及时成立和美海岛创建示范工作领导小组，由市领导任组长，成员由市发展和改革局、市自然资源和规划局、市农业农村水利局、台州市生态环境玉环分局、市统计局、市应急管理局、市文广旅体局、市交通运输局、市综合行政执法局、市住建局、市税务局、市五水办等负责人组成。各项任务牵头指导单位建立相应的工作机制，细化工作措施，落实工作责任，做到政策整合、工作衔接、力量集成，从组织上保证和美海岛创建工作职责清晰，分工明确，有序推进。

6.2.3.2　强化各项管理制度

玉环市从管理制度层面推进和美海岛创建，①坚持生态优先。以生态保护为重点内容，维护玉环岛生物多样性，加强海岛重要生态空间保护，加大海岛生物多样性保护力度，推进海岛环境整治和生态修复。②坚持人与自然和谐共生。在玉环岛资源环境承载能力范围内，改善人居环境，提升公共服务水平，推动绿色发展，构建人与自然和谐共生的良好局面。③突出特色，依托玉环岛自然资源禀赋，传承历史和民俗文化，因岛制宜，保持特色风貌，发展特色产业，坚持示范引领，积极树立海岛生态环境、人居环境协调发展的典范，将玉环岛打造成为"生态美、生活美、生产美"的和美海岛。

6.2.3.3　项目资金落实到位

玉环市和美海岛直接投入资金约40万元，间接投入资金包含前期台州市玉环市海洋生态保护修复项目、蓝湾项目实施、岸线修复三年整治行动、红树林监测与碳储量研究等，投入资金约5.3亿元。工作措施有：①加大财政投入力度。把和美海岛创建的相关任务纳入市级财政预算，与各级财政投入形成优势互补，共同促进海洋生态文明建设发展。②建立稳定资金渠道。积极争取国家、省级财政资金的投入，确保和美海岛建设工作顺利开展。充分发挥市场机制，拓展资金来源渠道，鼓励企业和社会积极参与，多渠道筹措资金，形成以政府投入为主、多元化投入相配合的资金投入机制，建立起较稳定的资金来源渠道。③落实资金监管力度。和美海岛创建工作中加强对资金使用的监管力度，严格落实专款专用、先审后拨和项目公开招投标制度。

6.2.3.4　深层次多渠道宣传

①号召各有关部门切实提高思想认识。充分领会创建和美海岛工作的重要性，增强支持和美海岛建设的积极性、主动性和创造性，合力推动和美海岛创建工作落到实处。同时，通过广泛宣传，积极动员，提高市民对和美海岛建设的认知度和关注度。②构建多元化的和美海岛文化宣传平台。提高群众对和美海岛建设的积极性，让群众对和美海岛创建活动更了解更满意。通过走进校园、乡镇、公园、广场，开展多种形式的普及宣传活动；建设和美海岛宣传固定场所，在社区、街道公告栏上定期向群众宣传和美海岛创建进程，使创建示范活动的认知度和影响力不断提升，推进创建工作的有序开展。

6.2.4　玉环岛后续发展建议

6.2.4.1　提升旅游景区质量

目前玉环岛有国家 4A 级景区漩门湾湿地公园、国家 3A 级旅游景区东沙渔村和百丈岩景区，尚无 5A 级旅游景区，不满足生态旅游指标中"旅游资源禀赋"的满分要求。5A 级景区在细节和质量上要求更高更明确，重点突出景区的文化性和特色性，"以人为本"的服务宗旨贯穿全景区。玉环市应加快推进 A 级景区提升工作，加大周边环境整治，规范标识标牌，优化预定渠道，升级景区服务设施、服务功能和服务水平，从细节出发为游客营造舒适优美的旅游环境，提升游客的出行体验感。

以创建国家 5A 级旅游景区为契机，严格按照国家 5A 级旅游景区创建标准，重点实施景区服务基础设施建设、休闲度假设施建设、旅游产品开发。进一步完善旅游要素，打造玉环特色商品品牌，切实推动"旅游+"产品体系建设，培育优势产业，发展特色产品。要加快推进 A 级景区提升工作，充分利用景区范围内的人文历史、自然生态、地质风光等海岛特色资源，优化运营航线，全面提高软硬件建设，打造旅游特色品牌。推进旅游景区及景区镇、村品牌创建，挖掘历史文化特色，结合海岛自然资源、生态环境禀赋来探索创新海岛特色发展模式。

6.2.4.2　改善近岸海水水质

近岸海域水质是评价近岸海域生态环境质量的一个重要指标。近年来，随着"美丽海湾"保护与建设的持续推进，我国近岸海域水质稳中向好。最新数据显示，2021 年，我国全年近岸海域海水水质达到国家一、二类海水水质标准的面积占 81.3%，三类海水占 5.2%，四类、劣四类海水占 13.5%，部分入海河口和海湾水质仍待改善。其中，浙江省近岸海域水质海域面积占比仍低于平均水平，玉环市近岸海水水质有待改善提升。

玉环市要以"十四五"规划为引领，谋划"美丽海湾"保护与建设的新篇章，逐步构建海洋生态治理的长期长效机制，强化近岸海域空间管控，严格落实国家围填海管控政策，守护海洋生态保护红线。

要坚持精准治污。加强近岸海域水污染防治工作，有效开展入海排污口排查整治、入海河流消劣等精准化专项行动，确保入海河流水质达标。玉环市要正确处理经济发展和生态环境保护的关系，坚决扛起生态文明建设和生态环境保护政治责任。

6.2.4.3　推进陆海统筹管理

加强海陆协同工作机制建设，加强部门间际合作，构建区域联动、部门合力的陆海环保工作格局。创建工作要对照评价指标，陆海统筹，河海兼顾，综合施策，部门的间际合作有助于和美海岛工作资料整合与落实，玉环市和美海岛的创建需要各部门共同努力。积极在海洋管理创新上进行探索与实践，完善海洋功能区划及有关规划、行政审批工作机制、防灾减灾工作机制、应急响应工作机制。加强对和美海岛建设各项规划执行情况的检查，扩大对和美海岛建设过程的有效监督，确保各项规划措施得到有效落实。

积极开展各项海洋功能区划、海岛保护和岸线利用规划等制定修编工作，合理开发利用岸线、滩涂、港湾等各类涉海资源，实行可行性论证管理措施，避免无序开发和资源浪费，从制度上强化海岛生态资源保护。和美海岛创建工作不仅要安排实施具体的保护修复、产业发展等项目，也要注重管理制度、长效机制的建立，为提升海岛保护管理水平提供制度保障。建立完善海岛空间规划、生态环境保护等政策制度，并落地实施。

6.3　大陈岛和美海岛创建实践

6.3.1　大陈岛区域概况

6.3.1.1　地理区位

大陈岛行政隶属于浙江省台州市椒江区大陈镇，位于台州市椒江区东南 52km 的东海上，居台州湾口外，为台州列岛主岛；自然风光旖旎，海洋物产丰饶，历史人文积淀深厚，素有"东海明珠"之誉，是一座充满传奇色彩的岛屿。

大陈岛分称上、下大陈，上大陈岛居北（28°29′33″N，121°53′54″E），面积 6.9 km^2；下大陈岛居南（28°26′45″N，121°53′10″E），面积 4.4 km^2。两岛相隔一条宽约 2.5 km 的大陈水道，周围海域分布洋旗、一江山等百余座小岛。大陈镇人民政府驻下大陈岛，全镇设 1 居 3 村，年末户籍人口 3 922 人。

6.3.1.2　历史沿革

大陈岛形成历史悠久。在距今 1.5 万年前的第四纪最近一次冰河盛期中，海平面低于现今 150 m，东海大陆架全部出露为广袤的沿海平原，大陈诸岛均为散布于平原上的低山丘陵。进入全新世（距今约 1.15 万年开始）以来，气候变暖，海水上涨。至距今约 8 000—7 000 年前，海平面上升至现代水平，此后一度高出现代海面数米，大陈成为离岸岛屿，自此开启海岛自然地貌的重塑。当时周围海域礁岩上生长有珊瑚，气候接近今闽南漳州一带。之后海平面又逐渐回落至现代水平。

大陈岛古名东镇山（指上大陈岛），开发历史较早，5 世纪已有先民活动记录。首见南朝宋（420—479 年）孙诜《临海记》记载，称该岛出产昆布、海藻、甲香、矾等物。其中出产矾石之说纯属作者误会，岛上矾石应是渔民加工海蜇之用，来源大陆，这恰好从一个侧面反映了当时大陈岛开发的早期状况。唐永昌元年（689 年），台州司马孟诜特向朝廷上奏海中有东镇山情形。时海外贸易兴起，浙南商船驶往高丽者，亦以大陈水道的巉礁（今称"高梨头礁"）为地标。五代吴越国天福六年（941 年），岛上始建禅寺悟空院，北宋治平三年（1066 年）获朝廷赐额，东镇山因之又名悟空山。据宋《嘉定赤城志》记载：该寺庙拥有田 84 亩（5.6 hm^2）、地 6 亩（0.4 hm^2）、山 18 亩（1.2 hm^2），并传说如来佛曾在三女山（今下大陈岛）现世。东镇山传入佛教与舟山普陀约为同一时期，明嘉靖年间（1522—1566 年）之后，东镇山即寂然无闻，包括该岛近800 年人类活动史迹一并成为消失的海洋文明。

明永乐年间（1403—1424 年），郑和率领庞大船队下西洋，往返皆经台州外洋，沿途记录的航海地标有大陈山、羊琪山（今洋旗）等。"大陈"一名始见于今存史籍者，即出自《郑和航海图》。16 世纪中叶，东南沿海倭患日炽，明军水师抗击倭寇，常以大陈海域为一线战场；嘉靖三十四年（1555 年）在大陈全歼盗倭 150 人，此后设烽堠于上大陈岛风门岭，以加强海警。《明实录》共记载大陈抗倭战绩 4 次。明清鼎革之际，浙东南沿海反清势力活跃，清廷因之厉行海禁，大陈岛几沦为弃地。清康熙二十二年（1683 年）开海禁，至乾隆（1736—1795 年）初年始恢复生机，台、温及福建渔民相率在大陈做埠或定居，浙江道亦在岛上设立汛官，兼理政务。经百余年经营，传统渔业经济稳定发展。尤其近代以来，大陆贫苦民众纷往海岛谋求"讨海"或"讨山"生计，以大陈为乐土，岛上人口兴旺，逐渐形成渔镇。至清末民初，浙江海上渔镇除舟山沈家门外，台温洋面唯大陈岛市肆最为繁荣，每逢鱼汛季节，南北商渔集聚，时称"海上闹市"。

6.3.1.3　自然资源

气候：大陈岛气候属中亚热带季风区，温暖湿润，年平均气温 17.5℃、降水量1 359.2 mm，无霜期 357 d；盛夏极端最高气温常比内陆城市低 5~8℃，为避暑度假和旅游胜地；平均每年受 3 个台风影响，然而过程短暂。

土壤：岛上冈峦起伏，多缓坡，向以土腴水美著称。土壤以红壤为主，有 800 hm^2（1.2 万亩），占土壤总面积近 60%，土层厚度 30~100 cm，种植的番薯、花生、豆类等旱地作物品质优良。

淡水：自然淡水资源以地下水为主，系基岩裂隙水，常年资源量 66.1×10^4 m^3，水质清冽，居民旧皆掘井或依靠地表溢流以取水，并有多口大旱不竭之井。

植被：岛上植被属中亚热带常绿阔叶林北部亚地带，浙闽山丘甜槠、木荷林区，天台山、括苍山地丘陵岛屿植被片；植物种类比较丰富，共有维管束植物 584 种，隶属于 125 科 388 属，分别占浙江省海岛植物总科、属、种数的 42.8%、28.3% 和 14.6%；分布滨海特有植物 37 种，其中海岛特有种为厚叶石斑木、滨柃等 9 种，构成富有特色的植被景观。

岸线：大陈岛岸线曲折，共长约 69 km，以基岩海岸为主；西侧多海湾岙地，形成大岙里、中嘴、大沙头等天然渔港。海域受台湾暖流、江浙沿岸流交汇影响，季节变化明显；拥有海洋上升流，初级生产力高，为众多鱼类繁殖生长、索饵洄游的良好场所，也是海洋生物多样性的种源海区之一。海岛资源调查采集大陈岛周围海域生物样本共有 369 种，其中游泳生物 89 种、潮间带生物 155 种、底栖生物 125 种。

旅游：岛东南两侧海岸为强海蚀地貌，经过近 7 000 年风雨海浪淘刷，发育了众多有特色的海蚀景观，典型旅游景区有乌沙头、高梨头、甲午岩等地段；尤其甲午岩两片巨礁突兀，享有"东海第一大盆景"美誉。甲午岩海岸原为国民党在岛上驻军的炮兵阵地，沿岸战壕纵横，现遗迹犹存。1954 年 5 月 8 日，蒋介石曾率属僚从台湾至此巡视，观景处建有"中正亭"，后毁，今已修复，改题为"思归亭"。高梨头是上大陈岛伸入大陈水道的一处岛岬，景区由一系列强海蚀地貌组成，为海上游艇观光的最佳地段。近岸多峻礁巨石，岩体有卧有立，有尖削如笔峰孤突，有大块如黑兽浮海，礁岩海岸间不时露出洞穴，其被海浪洞穿处，于幽幽深邃之中又别显洞天一块。岛岬北侧称"乌砂头"，有一条长约 300 m 的黑砾滩，砾滩背景为一孤状的陡峭海蚀崖，崖壁分天然二色，棕黄色的岩层叠压于黑色岩层之上。

大陈岛与台州海上客运中心（海门港 7 号码头）航线距离 52 km，每天有客班轮往返，全年进出岛旅客 26.26 万人次（按客轮售票数统计）。

6.3.1.4　社会经济

2020 年，大陈镇渔业总产值 8.17 亿元，居民人均可支配收入 53 839 元；海洋捕捞量 60 273 t，以大黄鱼和贻贝为主的海洋养殖产量 19 029 t。

大陈渔场为浙江省第二大渔场，渔产富饶，海域广阔，历来以大小黄鱼、鲳鱼、墨鱼、带鱼、海蜇六大传统渔产著称，调查渔获量居浙江省 9 海区首位，比全省平均值高出 2.25 倍。渔场以大陈岛为中心，南起玉环市披山，北界象山县渔山，西自台州湾浅海，东至东海 60 m 等深线，纵跨海域 100 km，面积超过 4 000 km²。

1996 年开始，大陈岛海域逐步发展大黄鱼养殖。如今，大黄鱼养殖已从一、两万斤规模，发展成为浙江省最大的大黄鱼养殖基地，且深海黄鱼养殖规模和技术位于全国前列。近年来，台州市椒江区以大陈黄鱼地理标志运用促进工程为抓手，围绕大陈黄鱼特色区域经济，不断提升大陈黄鱼地理标志价值，做精做强黄鱼养殖业，有效推动渔业高质量发展和渔民创收增收。目前，大陈黄鱼年产量逾 6 000 t，产值 8 亿元以上，占全省高品质大黄鱼产量产值的 2/3 以上；大陈岛 70% 以上渔民直接或间接从事黄鱼养殖相关产业。

大陈渔场早期开发可追溯至 3 世纪末叶，三国吴沈莹《临海水土异物志》记载海洋生物 90 余种，除鱼类外，还包括海洋哺乳动物以及甲壳类、软体类等。20 世纪 50 年代末，开辟冬季带鱼汛，60—70 年代达全盛时期。每年冬汛，苏、浙、闽、沪"三省一市" 5 000 余艘渔船 10 万余渔民麇集大陈渔场捕捞带鱼，沿海各级人民政府皆在大陈岛设立渔业指挥部，工作人员近千人。1977 年 12 月，集中在大陈渔场的作业渔船有 3 438 对(6 876 艘)，入夜海面渔火万千，是年渔场冬汛总渔获量 20×10^4 t(主要渔获物为带鱼和马面鱼)。

但过度捕捞导致近海渔业资源逐渐衰竭，至 20 世纪 90 年代，大陈渔场主要经济鱼类的鱼汛基本消失。为修复海洋生态和保护渔业资源，各级人民政府采取多种措施，制定严格的休渔制度。2008 年，大陈海洋生态特别保护区建立，至 2016 年共在大陈海域投放人工鱼礁 426 个(组)、10.5 万空立方米，2017 年又获原农业部批准建设国家级海洋牧场示范区，2020 年增殖放流经济类海洋生物种苗 8 380.7 万单位。

6.3.2　大陈岛创建指标体系评估

6.3.2.1　生态保护修复指标评估

1) 植被覆盖率

根据台州市国家新修测海岸线成果(2021 年)，上大陈岛总面积 689.15 hm^2，下大陈岛总面积 441.20 hm^2，合计 1 130.35 hm^2。

根据大陈岛 2021 年土地利用现状数据，上大陈岛林地总面积为 574.78 hm^2(表 6-1)，植被覆盖率为 83.40%；下大陈岛林地总面积为 351.73 hm^2(表 6-2)，植被覆盖率为 79.72%。

植被覆盖率≥60%，得 4 分。

表 6-1　上大陈岛 2021 年土地利用现状(林草部分)

序号	地类编码	地类名称	面积/hm^2
1	0201	果园	1.96
2	0301	乔木林地	475.96

续表

序号	地类编码	地类名称	面积/hm²
3	0305	灌木林地	1.73
4	0307	其他林地	78.01
5	0404	其他草地	17.12
合计			574.78

表 6-2　下大陈岛 2021 年土地利用现状 (林草部分)

序号	地类编码	地类名称	面积/ha
1	0201	果园	0.76
2	0204	其他园地	1.47
3	0301	乔木林地	318.85
4	0305	灌木林地	5.73
5	0307	其他林地	14.22
6	0404	其他草地	10.71
合计			351.73

2) 自然岸线保有率

根据台州市国家新修测海岸线成果 (2021 年), 上大陈岛海岸线长度为 40 797.64 m, 其中自然岸线长度 35 406.52 m, 海岛自然岸线保有率为 86.79%; 下大陈岛岸线长度为 28 591.24 m, 其中自然岸线长度 26 075.45 m, 海岛自然岸线保有率为 91.20%。

自然岸线保有率≥70%, 得 4 分。

3) 岸线退让距离

近三年来, 大陈岛海岛岸线向陆 100 m (含 100 m) 范围内无新建永久性建筑物, 得 1 分。

4) 野生动植物保护效果

台州市生态环境局椒江分局委托浙江省环境科技有限公司, 于 2021 年 10 月启动椒江区生物多样性调查和评估项目, 对椒江区全域开展了为期一年的生物多样性本底调查, 其中大陈岛为重点调查区域, 调查内容包括陆生高等植物、大型真菌、昆虫、陆生脊椎动物和淡水水生生物的种类组成、种群分布等。大陈岛有国家二级重点保护野生植物 1 种 (野大豆), 国家二级重点保护野生动物 6 种 (日本松雀鹰、雀鹰、苍鹰、黑鸢、普通鵟、红隼)。符合指标要求, 得 2 分。

近三年, 椒江区按照野生动植物保护相关法律法规的规定, 对辖区范围内的国家重点保护野生动植物进行了妥善保护, 根据椒江区 2021—2022 年全域生物多样性调查项目成果显示, 上、下大陈岛国家重点保护野生动植物物种保护率均超过 80%。台州市自然资源和规划局椒江分局于 2022 年 1 月 11 日与台州大湾动物园有限公司签订了野生动物合作协议书，开展椒江区野生动物救护、收容和放生工作。同时椒江区建立了大陈岛森林公园、台州椒江大陈省级海洋生态特别保护区、大陈岛省级地质公园，推动生态环境及生物多样性保护。符合指标要求，得 1 分。合计 3 分。

5）生态保护红线划定及保护措施

根据 2021 年浙江省生态保护红线调整方案，上大陈岛纳入生态红线保护的面积为 5 755 140 m²，占比 83.51%；下大陈岛纳入生态红线保护的面积为 3 329 303 m²，占比 75.46%（图 6-1）。

纳入生态保护红线面积比例≥30%，得 2 分。

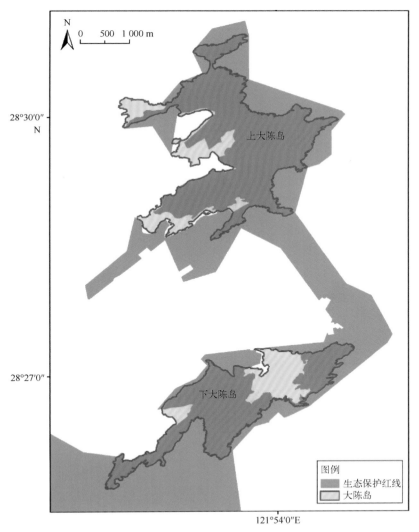

图 6-1　大陈岛生态保护红线

6）开展生态保护修复情况

近五年，大陈岛有岛体、植被、岸线、沙滩、周边海域及典型生态系统修复项目以及生态保护修复措施，符合指标要求，得分共计3分。

2021年底，大陈镇在发现加拿大一枝黄花入侵后，发动全体干部、网格员对岛上加拿大一枝黄花的生长情况进行排摸，将发现的加拿大一枝黄花连根拔起进行焚烧处理，并在加拿大一枝黄花发生区域及周边喷洒除草剂，有效控制了加拿大一枝黄花的扩散蔓延。

7）开展监视监测情况

大陈岛上开展的覆盖整岛监视监测活动含国土变更调查岸线年度监测评价共6种，符合指标要求，得4分。

6.3.2.2 资源节约集约利用指标评估

1）岛陆开发程度

根据台州市国家新修测海岸线成果（2021年），上大陈岛面积689.15 ha，下大陈岛面积441.20 ha。

根据大陈岛2021年土地利用现状（建设用地部分）数据，上大陈岛2021年开发利用总面积为75.96 hm²（表6-3），开发程度11.02%；下大陈岛2021年开发利用总面积为72.94 hm²（表6-4），开发程度16.53%。

开发程度≤20%，得3分。

表6-3　上大陈岛2021年土地利用现状（建设用地部分）

序号	地类编码	地类名称	面积/hm²
1	05H1	商业服务业设施用地	0.17
2	0601	工业用地	0.08
3	0602	采矿用地	1.46
4	0701	城镇住宅用地	8.12
5	0702	农村宅基地	16.68
6	0809	公共设施用地	0.81
7	09	特殊用地	30.68
8	1003	公路用地	13.01
9	1004	城镇村道路用地	0.05
10	1005	交通服务场站用地	0.15

续表

序号	地类编码	地类名称	面积/hm²
11	1008	港口码头用地	1.28
12	1009	水工建筑用地	3.20
合计			75.69

表6-4　下大陈岛2021年土地利用现状(建设用地部分)

序号	地类编码	地类名称	面积/hm²
1	05H1	商业服务业设施用地	0.57
2	0601	工业用地	2.43
3	0701	城镇住宅用地	21.06
4	0702	农村宅基地	7.55
5	0809	公共设施用地	1.52
6	0810	公园与绿地	1.22
7	08H1	机关团体新闻出版用地	1.65
8	08H2	科教文卫用地	2.82
9	09	特殊用地	16.90
10	1003	公路用地	14.96
11	1004	城镇村道路用地	0.65
12	1005	交通服务场站用地	0.69
13	1008	港口码头用地	0.37
14	1009	水工建筑用地	0.55
合计			72.94

2) 海岛利用效率

海岛利用效率增长率为

$$\frac{\dfrac{2021年税收4\,490.27万元}{2021年开发面积72.94\ hm^2} - \dfrac{2020年税收1\,419.84万元}{2020年开发面积71.95\ hm^2}}{\dfrac{2020年税收1\,419.84万元}{2020年开发面积71.95\ hm^2}} \times 100\% = 211.96\%$$

增长率≥5%，得2分。

3) 资源产出增加率

大陈岛的能源消耗仅有电力，岛上没有煤炭、汽油、天然气等能源使用，因此能源消耗总量仅计算用电量。

2021年大陈岛合计售电量为8 269 343 kW·h(折合1 017 129.189 kg标准煤)，其中

上大陈岛售电量为 1 877 140.861 kW·h，税收为 4.57 万元，下大陈岛售电量为 6 392 202.139 kW·h，税收为 4 490.27 万元。

2020 年大陈岛合计售电量为 6 908 750 kW·h(折合 849 776.25 kg 标准煤)，其中上大陈岛售电量为 1 568 286.25 kW·h，税收为 4.32 万元，下大陈岛售电量为 5 340 463.75 kW·h，税收为 1 419.84 万元。

下大陈岛资源产出增长率为

$$\frac{\dfrac{2021\ 年税收\ 4\ 490.27\ 万元}{2021\ 年售电量\ 6\ 392\ 202.139\ kW\cdot h} - \dfrac{2020\ 年税收\ 1\ 419.84\ 万元}{2020\ 年售电量\ 5\ 340\ 463.75\ kW\cdot h}}{\dfrac{2020\ 年税收\ 1\ 419.84\ 万元}{2020\ 年售电量\ 5\ 340\ 463.75\ kW\cdot h}} \times 100\%$$

$$= 164.22\%$$

增长率≥3%，得 2 分。

4) 资源节约利用

近五年，大陈岛没有新建海水淡化、中水回用或海水综合利用等设施，不得分。

6.3.2.3　人居环境改善指标评估

1) 空气质量优良天数比例

根据台州市 2022 年 1—12 月全市空气质量状况统计表，椒江区空气质量优良天数比例为 94.4%。优良天数比例≥90%，得 3 分。

2) 地表水水质达标率

大陈岛上仅有黄泥坑水库和南磊坑水库监测点，根据《2022 年 6 月大陈岛千吨万人水库监测报告》，地表水水质达标率<80%，不得分。

3) 饮用水安全覆盖率

根据台州市农村饮用水达标提标三年行动目标任务及完成情况，至 2020 年底，大陈岛饮用水达标人口覆盖率为 100%，得 3 分。

4) 污水处理率

大陈生态美丽岛项目(一期)污水零排放建设工程已于 2019 年 12 月竣工验收，将污水处理终端提升为 800 t/d。目前大陈岛排污量为淡季(11 月至翌年 4 月)50～100 t/d，旺季(5—10 月)100～460 t/d。大陈岛污水处理率为 100%，得 3 分。

5) 周边海域水质优良率

根据《2022 年台州市椒江区海洋生态环境监测报告》，夏季大陈岛周边海域水质达到一类海水水质，得 3 分。

根据《浙江省海洋功能区划》，大陈岛周边海域的功能区有椒江农渔业区(不劣于第二类)、大陈港口航运区(不劣于第四类)、大陈旅游休闲娱乐区(不劣于第三类)。大陈岛周边海域水质达到各级海洋生态环境保护管控要求。

6) 生活垃圾分类处理率

根据椒江区生活垃圾分类工作领导小组办公室的统计数据,大陈岛的生活垃圾分类普及率为100%,得2分。

根据椒江区大陈镇人民政府的统计数据,上大陈岛上生活垃圾全部焚烧处理,无害化处理率为100%,下大陈岛上生活垃圾有20%~25%在岛上做无害化处理,其余运往椒江处理,总体无害化处理率为100%,得2分。

共计4分。

7) 电力通信保障

大陈岛于2009年开始,通过海底电缆管线,实现全岛通电。随后,大陈岛建设风力发电场,不单能保障全岛用电,还能反输大陆。2022年大陈岛建设35 kV 低频海底电缆,更是提高了海岛风电向大陆输送的效率。

2017年,大陈岛逐步完成铜缆改光纤工程,网速传输速度达到每秒千兆以上,正式实现4 G 网络全覆盖。2019年,大陈岛首个5 G 电话拨通。

符合指标要求,得分共计3分。

8) 交通保障

大陈岛为有居民海岛,上大陈岛对内交通现有四级公路9条,长度约27.73 km,均为水泥混凝土路面;下大陈岛对内交通现有四级公路14条,长度约24.58 km,均为水泥混凝土路面。上、下大陈岛对外交通采用固定客运直达,2022年可通航天数316 d,总航次1 896航次,运送旅客31.93万人次,日均通航次数大于4次;上、下大陈岛之间交通采用"庆达12"号固定客运直达形式,上、下大陈岛际交通共航行1 154个航次,每天基础航班早中晚开航三个来回,运送旅客共56 426人。

大陈岛各主要街道、自然村均有硬化道路通达,得1分;大陈岛直达固定客运大于日均4次,得2分;共计3分。

9) 防灾减灾能力建设

2022年,椒江区政府在中共大陈镇委员会、大陈镇办事处下设平安法治办公室,负责辖区内防灾减灾救灾等各类应急管理工作;大陈镇人民政府印发《大陈镇突发地质灾害应急预案》《大陈镇防汛防台应急预案》等防灾减灾管理制度。符合指标要求,得1分。

2022年,上、下大陈岛共投入约251万元资金用于防灾减灾工作,包括物资采购、消防水箱建设、消防劳务经费支出等;台州市自然资源和规划局椒江分局印发《椒江区

2022 年省海洋综合管理专项资金安排实施方案》，其中海洋生态预警监测项目总投资
160 万元，海洋灾害应急防御项目总投资 339 万元；椒江区农业农村和水利局于 2022
年开展"海灾智防"应用场景建设项目，用于应对水旱、海洋灾害等灾害，合同金额 244
万元。符合指标要求，得 1 分。

台州市椒江区农业农村和水利局印发了《海洋防灾减灾知识画册》，宣传海洋灾害
的类型、避灾措施、预防措施等。2022 年 5 月，大陈镇开展了"防灾减灾"主题宣传月
活动。符合指标要求，得 1 分。

6.3.2.4 低碳绿色发展指标评估

1）新建绿色建筑比例

2020—2022 年期间，上、下大陈岛均无新建非公益性永久建筑，得 2 分。

2）新能源公共交通比例

大陈岛上汽油于 2018 年实现断供，目前岛上公共交通仅有共享电动单车和新能源
巴士，因此新能源公共交通比例为 100%，比例≥60%，得 2 分。

3）清洁能源普及率

大陈岛上仅有一家风力发电公司，所产电能除用于风电场自用外，全部并入地方
电网，足以供应大陈岛生活生产所需，并有富余电能通过海底电缆输送到陆上电网，
实现岛上风电资源的有效利用。

2021 年大陈岛上发电总量为 5 536.294 9×10⁴ kW·h，实际用电为 826.934 3×
10⁴ kW·h，大陈岛上的消耗能源均为清洁能源，因此清洁能源普及率为 100%，满足
普及率≥60%，得 3 分。

4）蓝碳探索与实践情况

大陈岛无蓝碳生态系统，不得分。

2022 年 8 月 25 日，浙江省生态环境厅下发关于同意大陈岛开展海洋蓝碳交易试点
的复函，得 1 分。

大陈岛的海岛碳储量调查、碳汇监测、蓝碳技术相关研究见表 6-5。

共计 1 分。

表 6-5 蓝碳相关项目

序号	项目名称	负责单位	时间	主要内容	资金/万元
1	大陈岛碳中和示范岛建设工程（双碳大陈数字化平台建设项目）	台州市椒江区大陈镇人民政府	2022 年 10 月	双碳大陈数字化平台建设，包括碳监测、碳交易、碳评估等功能	2 950

序号	项目名称	负责单位	时间	主要内容	资金/万元
2	椒江区 2022 年海洋生态预警监测项目	台州市椒江区农业农村和水利局	2022 年 12 月至 2023 年 4 月	海洋生态趋势性监测，包括蓝碳生态系统基础调查	150

6.3.2.5　特色经济发展指标评估

1）人均可支配收入

根据台州市椒江区大陈镇人民政府的统计数据，2022 年大陈镇人均可支配收入为 64 136 元，人均可支配收入增长率为 8.49%。增长率≥5%，得 3 分。

2）生态旅游

浙江省旅游区（点）质量等级评定委员会于 2020 年 12 月 31 日将椒江大陈岛景区评定为 4A 级旅游景区并完成公示，得 2 分。

大陈岛的生态环境保护宣传、科普情况见表 6-6，得 1 分。

共计 3 分。

表 6-6　生态环境保护宣传情况

序号	宣传方式	标题	时间
1	《浙江日报》	开发新能源，探索"碳中和"……习近平同志"一次登岛、两次回信"的大陈岛，正在蹚出一条新时代的"垦荒路"——大陈新曲	2022 年 3 月 29 日
2	公众号	绘制大陈生态图，构建人海和谐美	2022 年 5 月 30 日
3	公众号	大陈岛的低碳"加减法"	2022 年 6 月 22 日

3）农渔业等特色产业

大陈岛的特色产业有大黄鱼养殖和柑橘种植等，其中大黄鱼获得省级及以上有关部门认证的有机产品认证证书和绿色食品 A 级产品证书，柑橘取得无公害农产品证书。符合指标要求，得 2 分。

4）海岛特色发展模式探索与创新

2017 年，大陈海域成功创建国家级海洋牧场示范区。浙江省发展和改革委员会于 2022 年 9 月 5 日发布通知，将大陈岛列入第四批省级农村产业融合发展示范园创建名单，2022 年椒江经济开发区成功获评省级绿色低碳工业园区，得 2 分。

大陈岛发挥红色教育基地优势，依托大陈岛垦荒精神，开发了一系列休闲农业、乡村旅游以及大陈岛党史学习教育等红色旅游线路。大陈岛青少年宫于 2017 年获得浙江省第九批爱国主义教育基地荣誉称号，近年来发展有垦荒精神主题团队活动、征文演讲比赛、亲子实践营、各类主题实践活动等，得1分。

6.3.2.6 文化建设指标评估

1）物质文化保护情况

椒江市（现椒江区）人民政府于1987年6月将大陈岛屏风山地牢（28.2725°N，121.5514°E）列入市级重点文物保护单位，类别为近现代重要史迹及代表性建筑。椒江区人民政府于2012年8月将屏风山暗堡坑道、国民党大陈防卫防空洞列入椒江第三批区级保护名录。

2）非物质文化传承和保护情况

根据2022年出版的《大陈岛志》，椒江区于2007年开展首次非物质文化遗产普查，其中大陈岛有非遗成果65项，包括民间文学类"上下大陈岛故事传说""大陈思归亭的由来""甲午岩名字的由来"，民俗类"渔船出海信奉祭拜"，传统技艺类"炝虾蟹的制作技艺"等，并通过网站宣传、调查汇编等加以保护和传承，得3分。

3）特色文化传承和保护情况

大陈岛的特色文化包括以下几类。

大陈岛垦荒精神。2006年，时任浙江省委书记的习近平同志视察大陈岛，将大陈岛垦荒精神归纳为"艰苦创业，奋发图强，无私奉献，开拓创新"。2010年4月，时任中共中央政治局常委、中央书记处书记、国家副主席的习近平同志给大陈岛老垦荒队员回信指出，在各方面的共同努力下，大陈岛正朝着"小康的大陈、现代化的大陈"目标迈进，相信今后的发展会更好。2016年"六一"前夕，习近平总书记给大陈岛老垦荒队员的后代、台州市椒江区12名小学生回信，勉励他们向爷爷奶奶学习，热爱党、热爱祖国、热爱人民，努力成长为有知识、有品德、有作为的新一代建设者，准备着为实现中华民族伟大复兴的中国梦贡献力量。

大陈岛战役。1949年夏，中国人民解放军解放了浙江大陆，国民党残兵败将退踞沿海岛屿。1955年1月18日，解放军进行了首次陆海空三军联合作战，一举解放了大陈岛的外围屏障———一江山岛，并向大陈岛发起攻击。国民党当局被迫决定从大陈岛撤军，并随即制订了撤军的"金刚计划"。至2月12日，从大陈、竹屿、披山、渔山诸岛撤走正规军1万余人，游击队4 000余人，居民1.7万余人（其中上大陈3 937人，下大陈10 974人，披山1 083人，渔山518人），撤走军用物资40 000 t和各村十余座庙宇神像。

两岸交流。大陈岛历史上与台湾地区有着深厚渊源。早在公元230年，东吴卫温船队从台州章安港启程，经大陈岛，远航至台湾。20世纪50年代，1.8万余名大陈岛居民迁至台湾地区，发展至今已有 10 万多人，遍布 35 个"大陈新村"。由此，大陈岛与台湾地区建立起割不断的血脉联系。

大陈岛开展有两岸大陈乡情文化节、台州乱弹大型现代戏《我的大陈岛》等活动，并入选中国华侨国际文化交流基地、海峡两岸交流基地（表 6-7），符合指标要求，得 3 分。

表 6-7 特色文化

序号	活动名称	时间	具体内容	宣传
1	2021 两岸大陈乡情文化节	2015 年举办至今	两岸交流	中国新闻网
2	台州乱弹大型现代戏《我的大陈岛》	2019 年 4 月首演	大陈岛垦荒精神	中国艺术报
3	《国家记忆》——风雨大陈岛	2019 年 11 月播出	大陈岛战役	央视 4 套
4	大陈岛海峡两岸交流基地	2020 年 11 月 1 日授牌	两岸交流	中国新闻网
5	中国华侨国际文化交流基地	2019 年 12 月入选	两岸交流	浙江新闻

6.3.2.7 制度建设指标评估

1）海岛保护与利用管理制度

椒江区大陈镇人民政府于 2018 年 12 月委托编制了《台州市椒江区大陈镇城镇总体规划（2017—2035 年）》，规划范围为大陈镇全部陆域范围及其周边海域，包括上、下大陈岛。《台州市海洋功能区划（2013—2020 年）》《浙江省海岛保护规划（2017—2022 年）》的区划范围包含大陈岛。符合指标要求，得 2 分。

台州市椒江区林长制办公室于 2022 年 9 月印发《椒江区林长制会议制度》《椒江区林长制信息公开制度》《椒江区林长制部门协作制度》《椒江区林长制工作督察制度》四项配套制度。《台州市椒江区"十四五"生态环境保护规划》的规划范围包含大陈岛，符合指标要求，得 1 分；共计 3 分。

2）创建活动机制建设情况

椒江区已设立和美海岛创建示范组织领导机构，成员包括椒江区人民政府办公室、区发改局、区农业农村和水利局等单位的负责人，得 1 分；椒江区人民政府办公室于 2023 年 1 月 9 日将和美海岛创建示范工作实施方案下发各单位，得 1 分；共计 2 分。

3）其他品牌建设情况

大陈镇于 2020 年 11 月 20 日获得"全国文明镇"称号。2020 年 3 月 11 日，大陈岛入选浙江省十大海岛公园并印发《浙江省十大海岛公园建设三年行动计划（2020—2022）》。2020 年，大陈镇荣获新时代美丽城镇省级样板。大陈镇曾获得过国家级生态镇、国家级卫生镇、国家级海峡两岸交流基地等称号，符合指标要求，得2分。

4）社会认知度和公众满意度

通过对大陈岛居民的随机调查，回收问卷共50份，合计62%的人了解大陈岛正在开展的和美海岛创建工作，合计98%的群众对大陈岛的生态环境、生活环境、生产环境总体印象"很好"和"较好"，合计100%的群众对和美海岛创建示范工作取得的成果表示满意。得出和美海岛创建活动的公众认知和满意结果，大陈岛的公众满意度≥80%，得3分。

5）和美海岛宣传报道

大陈岛和美海岛创建的宣传渠道包括挂历、宣传单发放，展板布置宣传，台州市委市政府新闻客户端、中国蓝新闻公众号、台州市区新闻、《人民日报》新媒体平台宣传推广，广播播报等（表6-8）。

大陈岛垦荒精神、"绿氢"示范工程等的宣传渠道包括央视网、央视新闻（CCTV13）等。

宣传渠道：共计10种，得1分；

宣传频次：共计10次，得1分；

宣传效果：被央视新闻、人民日报客户端报道转载，得1分；

共计3分。

表6-8 大陈岛宣传工作

序号	宣传渠道	备注
1	央视新闻（CCTV13）	中央级媒体
2	央视网	中央级媒体
3	挂历	
4	宣传单	
5	展板	
6	台州市委市政府新闻客户端	
7	台州市区新闻	
8	中国蓝新闻公众号	
9	人民号（人民日报客户端）	中央级媒体
10	广播	

6.3.2.8 小结

椒江区人民政府选取上大陈岛和下大陈岛（以下简称大陈岛）作为创建主体开展申

报工作，成立了领导小组，制定了《椒江区和美海岛创建示范工作实施方案》，对照评价指标和管理办法逐项梳理落实，确保了申报工作的顺利开展。根据《和美海岛评价指标标准体系》，上大陈岛得分 90 分，下大陈岛得分 93 分。

生态保护修复 21 分。上、下大陈岛植被覆盖率分别为 83.40%、79.72%，自然岸线保有率分别为 86.79%、91.20%，红线内面积占比分别为 83.51%、75.46%，每年开展蓝色海湾整治行动等生态保护修复工作、生物多样性调查及海岸线调查等监测活动，三年来岸线退缩距离内无新建永久性建筑物。

上、下大陈岛资源集约节约利用分别为 5 分、7 分。岛陆开发程度分别为 11.02%、16.53%，海岛利用效率增长率分别为 6.05%、211.96%，资源产出增长率分别为 −11.62%、164.22%。

人居环境改善 25 分。空气质量优良天数比例 94.4%，饮用水安全覆盖率 100%，污水处理率 100%，生活垃圾分类普及率 100%，无害化处理率 100%，周边海域达到一类海水水质，24 小时无限时供电，4G 通信讯号覆盖全岛，岛内通达硬化道路，日均 6 次固定客运直达，有防灾减灾管理机构和管理制度、专项资金投入、防灾减灾宣传活动。

低碳绿色发展 8 分。新能源公共交通比例 100%，清洁能源普及率 100%，开展了大陈岛碳中和示范区建设等蓝碳项目以及海洋蓝碳交易试点。

特色经济发展 11 分。人均可支配收入增长率 8.49%，4A 级旅游景区，有生态环境保护宣传科普，大黄鱼等产品获得无公害产品、绿色食品等认证。

上、下大陈岛文化建设分别为 7 分、8 分。有屏风山地牢等物质文化遗产，"大陈岛故事传说"等非遗，特色文化有两岸交流、大陈岛垦荒精神、大陈岛战役等。

制度建设 13 分。制定有海岛国土空间规划和海岛生态环境保护制度，已设立领导机构并制定实施方案，曾获全国文明镇、国家级生态镇等称号，和美海岛创建活动的公众满意度≥80%，通过新闻、公众号、展板等渠道开展宣传，开展过 5 次以上宣传活动，被中央级媒体转载。

和美海岛创建将有效保护海岛的生态环境系统，加快发展方式绿色转型，促进经济持续发展和人居环境建设，提升海岛管理水平及民众海洋环境保护意识。未来，椒江区政府将持续推进和美海岛宣传建设工作，发扬大陈岛海岛特色文化，贯彻党的二十大报告精神，将大陈岛打造成"生活美、生产美、生态美"的和美海岛。

6.3.3　和美海岛创建工作措施

6.3.3.1　加强组织保障力度

成立椒江区和美海岛创建示范工作领导小组，由区政府领导任组长，成员由区政府办公室、区发改局、区农业农村和水利局及区各职能部门组成。各项任务牵头指导单位建立相应的工作机制，细化工作措施，落实工作责任，做到政策整合，工作衔接，力量集成，从组织上保证和美海岛创建工作职责清晰、分工明确、有序推进。

6.3.3.2　强化各项管理制度

从管理层面推进和美海岛创建：

(1)坚持生态优先，以生态保护为重点内容，维护大陈岛生物多样性，加强海岛重要生态空间保护，加大海岛生物多样性保护力度，推进海岛环境整治和生态修复；

(2)坚持人与自然和谐共生，在大陈岛资源环境承载能力范围内，改善人居环境，提升公共服务水平，推动绿色发展，构建人与自然和谐共生的良好局面；

(3)突出特色，依托大陈岛自然资源禀赋，传承历史和民俗文化，因岛制宜，保持特色风貌，发展特色产业，坚持示范引领，积极树立海岛生态环境、人居环境协调发展的典范，将大陈岛打造成为"生态美、生活美、生产美"的和美海岛。

6.3.3.3　资金落实到位

包括台州市台州湾蓝色海湾整治行动、椒江区2017年度省林业发展和资源保护项目、椒江区2022年林草外来入侵物种普查、椒江区海岸线调查监测、台州市椒江区海洋生态环境监测、椒江区"海灾智防"应用场景建设等项目及专项资金投入，累计资金约61 948.3万元。

6.3.3.4　深层次多渠道宣传

(1)各有关部门切实提高思想认识，充分领会创建和美海岛工作的重要性，增强支持和美海岛建设的积极性、主动性和创造性，合力推动和美海岛创建工作落到实处。同时，通过广泛宣传、积极动员，提高市民对和美海岛建设的认知度和关注度。

(2)构建多元化的和美海岛文化宣传平台，提高群众对和美海岛建设的积极性，让群众对和美海岛创建活动更了解更满意。以宣传单、展板等为载体，走进校园、乡镇、公园、广场，开展多种形式的普及宣传活动；建设和美海岛宣传固定场所，在社区、街道、新闻、公众号上定期向群众宣传和美海岛创建进程。提升创建示范活动的认知度和影响力，推进创建工作的有序开展。

(3)积极总结椒江区创建和美海岛示范工作可复制可推广的经验。充分发挥媒体的舆论引导作用，选择有基础、有条件的项目，加强总结提炼，开展有计划、有组织的宣传，大力宣传建设和美海岛示范工作的重要意义、政策措施和阶段性成果，营造"发展生态文明，全民共建共享"的良好氛围。

6.3.4　存在问题和相关建议

6.3.4.1　存在问题

（1）大陈岛以基岩岸线为主，岛周多为海蚀地貌，没有红树林、盐沼、海草床等蓝碳生态系统的生长条件。

（2）大陈岛尚无 5A 级旅游景区，"旅游全岛化、全岛旅游化"战略有待进一步提升。

（3）近年来大陈岛无新建绿色建筑，海岛绿色建筑的推广普及有待加强。

6.3.4.2　相关建议

1）推进蓝碳探索与实践

目前，大陈岛正致力于打造全国岛礁"碳中和"示范岛，大力开发风能、氢能、潮汐能等清洁能源；投放各类人工鱼礁超过 $10 \times 10^4 \ \mathrm{m}^3$，持续修复海洋牧场，提高海洋碳汇能力。

大陈岛已入选浙江省首批林业碳汇先行基地，计划建设 133.33 hm^2（2 000 亩）碳汇示范林，并利用虚拟现实、高光谱遥感、数字孪生等技术，打造集碳汇能力监测、计算、展示等于一体的数字化应用场景，助力发掘碳汇潜力。

2）大力发展生态旅游

2020 年，大陈岛景区成功创建为国家 4A 级旅游景区。椒江区"十四五"规划提出，要以红色大陈为中心串岛成链。以上、下大陈为中心串联周边岛链协同发展，统筹推进开发建设与生态保护，创新海岛开发建设体制机制，着力打造全国海岛振兴和现代化海岛建设的"大陈样板"，建设"全国红色旅游第一岛"，大陈岛创成国家 5A 级景区，建设成为国际旅游休闲度假区、港产城湾一体化发展的海上明珠、对外开放的前沿地。

深化上下大陈及周边岛链环境综合整治，推进海岛景区化建设。提升建设大陈岛森林公园，加大海岛森林生态系统保护力度，重点实施林相改造、珍贵彩色森林建设、边坡绿化修复提升等绿化工程。构建惠民利民的公共服务设施体系。探索"未来社区"建设，完善教育、医疗、体育、市政等公共服务配套，谋划建设大陈岛现代化海岛社区。统筹推进海岛开发建设与生态保护。全力构建全域旅游新格局，聚力发展优势海洋经济，创新海岛开发建设体制机制，将大陈岛打造成为浙江省港产城湾一体化发展的海上明珠。

3）推广普及绿色建筑

2020 年 6 月 28 日，台州市人民政府办公室发布关于台州市推进绿色建筑和建筑工业化发展的实施意见，提出在城镇建设用地范围内新建民用建筑全面执行绿色建筑标准，实现绿色建筑全覆盖，国家机关办公建筑和政府投资的或以政府投资为主的其他公共建筑按照二星级以上绿色建筑强制性标准进行建设。

台州市政府批准公布了《台州市绿色建筑专项规划（2016—2025 年）》，这是全国首部绿色建筑专项规划。该规划明确了新建民用建筑绿色建筑等级、建筑装配化和住宅全装修等强制性建造要求，全面统筹推进绿色建筑和建筑工业化发展。台州市也成为自 2016 年 5 月 1 日《浙江省绿色建筑条例》颁布以来，省内首个出台绿色建筑专项规划的城市。

参考文献

孙海平，李红，楼毅，等，2020. 浙江省玉环市红树林现状及保护发展对策[J]. 华东森林经理 .